"十三五"普通高等教育规划教材

Visual Basic 程序设计实践教程

主　编　赵艳君　刘凤春
副主编　刘　丽　李　爽
　　　　谷建涛　刘　盈

北京邮电大学出版社
·北京·

内 容 简 介

本书是与《计算思维与 Visual Basic 程序设计》教材配套的实践教程，共分为 11 章，前 9 章是与教材的 2～10 章对应，第 10 章为综合设计，第 11 章为模拟测验。

每章的实训按照教材内容安排 2～3 个，每个实训包括实训目的、实训内容、实践提高、问题思考和实训练习 5 部分，以问题分析、设计步骤为序展开实训，对实践提高问题给出任务目标和任务分析，具体实现留给读者去完成；针对实训目标又给出一些实训练习题和问题思考，以进一步加强实训能力。第 10 章设计了 6 个实训 12 个综合性题目，从进行设计所需知识点开始分析，是教材中内容的进一步拓展，以增强学生使用 Visual Basic 进行小型项目开发的能力。第 11 章的模拟测验设计了两套题目，是对学生学习效果的检验，并提供了参考答案。

本书配有多媒体课件、微视频、例题和习题源代码等教学资源，可从北京邮电大学出版社网站下载，网址为 www.buptpress3.com。

本书适合作为培养计算思维与应用能力的普通高等学校教材和教学辅导书，并可作为社会各界计算机培训班有关课程的教材和学习 Visual Basic 程序设计人员的自学教材。

图书在版编目(CIP)数据

Visual Basic 程序设计实践教程 / 赵艳君,刘凤春主编. -- 北京：北京邮电大学出版社，2016.9
ISBN 978－7－5635－4913－9

Ⅰ.①V… Ⅱ.①赵…②刘… Ⅲ.①BASIC 语言—程序设计—高等学校—教材 Ⅳ.①TP312.8

中国版本图书馆 CIP 数据核字(2016)第 199017 号

书　　名	Visual Basic 程序设计实践教程
主　　编	赵艳君　刘凤春
责任编辑	向　蕾
出版发行	北京邮电大学出版社
社　　址	北京市海淀区西土城路 10 号(100876)
电话传真	010－82333010　62282185(发行部)　010－82333009　62283578(传真)
网　　址	www.buptpress3.com
电子信箱	ctrd@buptpress.com
经　　销	各地新华书店
印　　刷	北京泽宇印刷有限公司
开　　本	787 mm×1 092 mm　1/16
印　　张	16
字　　数	399 千字
版　　次	2016 年 9 月第 1 版　2016 年 9 月第 1 次印刷

ISBN 978－7－5635－4913－9　　　　　　　　　　　　定价：32.00 元

如有质量问题请与发行部联系

版权所有　侵权必究

前　　言

  学习程序设计最关键的就是实践,否则,无法编写出好的程序代码,更无法提高程序设计思维能力。如何让学生通过"计算思维与 Visual Basic 程序设计"课程的学习,轻松入门并掌握程序设计的精髓,养成良好的程序设计习惯,不让琐碎的语法细节成为学生理解程序设计方法和计算思维的障碍,是我们一直追求的目标。本书是一本完全面向实践,并与《计算思维与 Visual Basic 程序设计》教材配套的实践指导书,当然也可与其他 Visual Basic 教科书配合使用。

  本书共分为 11 章,前 9 章与主教材的第 2~10 章内容对应开展训练。第 1 章为 Visual Basic 集成开发基础,通过简单的实例介绍了 Visual Basic 6.0 的集成开发环境的使用、Visual Basic 帮助系统的使用以及如何发布应用程序等,为读者进行程序开发提供了方便。第 2 章为顺序结构程序设计,主要训练学生的顺序结构程序设计方法,分别从简单的输入、输出程序设计和窗体与基本控件的应用角度开展训练。第 3 章为选择控制结构程序设计,从选择语句和选择性控件的使用对学生进行训练,使学生同时从代码和界面设计角度进行问题思考。第 4 章为循环控制结构程序设计,从几种循环语句到滚动条、进度条等控件的使用加强训练。第 5 章为数组及其应用,从静态数组、动态数组、控件数组和与数组相关的控件(如列表框、组合框等方面)进行训练。第 6 章为过程设计,分别从过程、函数的应用角度设计了实训题目,加强训练。第 7 章为文件处理,包括文件的基本操作、菜单与对话框的设计、多重窗体与多文档的设计,并将它们进行融合,通过菜单、对话框等打开文件,并加载到文档中。第 8 章为数据库程序设计,设计了两个实训,从简单到复杂,最终可以设计一个完整的数据库应用程序。第 9 章为多媒体程序设计,包括图形与绘图操作和多媒体应用设计两个实训。

  每个实训包括实训目的、实训内容、实践提高、问题思考和实训练习。实训内容中设置 2~3 个实训题目,每个题目以"问题分析"→"设计步骤"为线索进行编写,问题分析主要分析本问题的设计思路及其所需知识点,设计步骤按照"界面设计"→"属性设置"→"代码编写"→"调试运行"的过程进行。实践提高部分设计一个综合性的题目,只给出"任务目标"和"任务分析",程序实现由读者自己完成,为其留下更多实践思考的空间。问题思考是针对实训内容和实践提高的题目设计的,希望读者在按照实训内容完成之后能够进行深入思考以进一步完善程序。实训练习则是为读者设计的独立完成的实训题目,其中有些难度的题目给出了简单提示。

  第 10 章包含 6 个实训 12 个题目,每个实训首先介绍一些知识点,为进行设计打下基础,然后对设计题目进行介绍,给出功能要求和难点提示,希望读者在阅读之后能够通过自己的思考和设计完成这些题目。另外,希望读者在完成基本功能之外,考虑更进一步的功能,因此在"强化训练"中为读者设计了另外一个题目,以加强巩固知识,并增强开发能力。

  第 11 章包括两套模拟试卷,分别包括单项选择题、填空题、判断题和程序设计题,并提供了参考答案,以加强学生对知识的理解。

在阅读本书过程中,注意如下约定:

(1)凡是单击菜单命令,再选择子菜单的描述方法,如"工程"→"部件",意思是单击"工程"菜单,再选择"部件",执行"部件"命令;

(2)书中的"提示"和"试一试",希望读者能实际操作,切实体验,以更好地提高实践能力。

本书由赵艳君、刘凤春任主编,负责整套书的策划,确定编写思路和方案,刘丽、李爽、谷建涛、刘盈任副主编。赵艳君编写了第3、4、5章,刘凤春编写了第2、8章;刘丽编写了第6、7章;李爽编写了第9、10章,谷建涛编写了第11章,刘盈编写了第1章。张春英、安杰、付景红、樊秋红、魏群、张东春、许广利、宋顶利、陈昊、陈丽芳、阎红灿、张淑芬、刘自荣等参与了本书的书稿校对工作,在此对他们的辛勤付出表示由衷的感谢。

在整套书的编写过程中,得到了全国计算机基础教育研究会和华北理工大学教务处、理学院的全力支持,并提出了很多宝贵的建议和意见,在此表示诚挚的谢意。

本书适合作为培养应用型人才的普通高等学校教材和教学辅导书,并可作为社会各界计算机培训班有关课程的教材和学习Visual Basic程序设计人员的自学教材,同时可作为全国计算机等级考试二级(Visual Basic)的参考资料。

为了便于教师教学和学生学习,本书配有多媒体课件、微视频、例题和习题的源代码及相关素材,可到北京邮电大学出版社网站下载,网址为www.buptpress3.com。

由于时间紧迫以及作者水平有限,书中难免有不足之处,恳请读者批评指正,请将您的宝贵意见发到信箱:teacher_jsj@126.com,lnobliu@ncst.edu.cn,在此向各位致以诚挚的敬意。

编　者

2016年于华北理工大学

目　　录

第1章　Visual Basic 集成开发基础 …………………………………………… 1

　　实训 1.1　Visual Basic 6.0 集成开发环境的使用 …………………………… 1
　　实训 1.2　Visual Basic 帮助系统的使用 …………………………………… 4
　　实训 1.3　发布应用程序 …………………………………………………… 6

第2章　顺序结构程序设计 …………………………………………………… 11

　　实训 2.1　简单的输入/输出程序设计 ……………………………………… 11
　　实训 2.2　窗体与基本控件的应用 ………………………………………… 17

第3章　选择控制结构程序设计 ……………………………………………… 30

　　实训 3.1　选择结构程序设计 ……………………………………………… 30
　　实训 3.2　选择型控件的使用 ……………………………………………… 39

第4章　循环控制结构程序设计 ……………………………………………… 44

　　实训 4.1　循环结构设计 …………………………………………………… 44
　　实训 4.2　循环控件的使用 ………………………………………………… 51

第5章　数组及其应用 ………………………………………………………… 59

　　实训 5.1　数组的使用 ……………………………………………………… 59
　　实训 5.2　控件数组的使用 ………………………………………………… 68

第6章　过程设计 ……………………………………………………………… 76

　　实训 6.1　过程的应用 ……………………………………………………… 76
　　实训 6.2　函数的应用 ……………………………………………………… 84

第7章　文件处理 ……………………………………………………………… 95

　　实训 7.1　文件基本操作 …………………………………………………… 95
　　实训 7.2　菜单与对话框 …………………………………………………… 111
　　实训 7.3　多重窗体与多文档界面 ………………………………………… 118

第8章 数据库程序设计 ·················· 125
实训 8.1　数据库应用(1) ·················· 125
实训 8.2　数据库应用(2) ·················· 134

第9章 多媒体程序设计 ·················· 149
实训 9.1　图形与绘图操作 ·················· 149
实训 9.2　多媒体应用 ·················· 159

第10章 综合设计 ·················· 174
实训 10.1　基本控件应用 ·················· 174
实训 10.2　字符串处理 ·················· 179
实训 10.3　图片应用 ·················· 188
实训 10.4　数据管理 ·················· 199
实训 10.5　游戏设计 ·················· 208
实训 10.6　图形绘制 ·················· 212

第11章 模拟测验 ·················· 229
测验 11.1　Visual Basic 模拟试卷(1) ·················· 229
Visual Basic 模拟试卷(1)参考答案 ·················· 237
测验 11.2　Visual Basic 模拟试卷(2) ·················· 240
Visual Basic 模拟试卷(2)参考答案 ·················· 248

第 1 章　Visual Basic 集成开发基础

实训 1.1　Visual Basic 6.0 集成开发环境的使用

一、实训目的

(1) 了解 Visual Basic 6.0 的启动和退出方法。
(2) 掌握 Visual Basic 6.0 的集成开发环境。
(3) 掌握 Visual Basic 6.0 工程管理的操作。
(4) 理解 Visual Basic 6.0 中对象的概念,掌握其基本操作。
(5) 掌握建立 Visual Basic 6.0 应用程序的一般过程。

二、实训内容

实训 1.1.1　使用 Visual Basic 6.0 的集成开发环境,具体要求如下。
(1) 启动和退出 Visual Basic 6.0。
(2) 定制 Visual Basic 6.0 集成开发环境。

【问题分析】
了解 Visual Basic 6.0 的启动和退出。用户根据需求自己定制 Visual Basic 6.0 的集成开发环境,掌握各种窗口的功能。

【设计步骤】
1. 启动
单击"开始"→"程序"→"Microsoft Visual Basic 6.0 中文版"→"Microsoft Visual Basic 6.0 中文版"命令,即可启动 Visual Basic 6.0 中文版。

2. 定制 Visual Basic 6.0 集成开发环境
Visual Basic 6.0 集成开发环境中有很多窗口,如窗体窗口、代码窗口、工程资源管理器窗口、属性窗口、工具箱等,这些窗口都有各自的功能,而且可以随时打开或关闭。

"视图"菜单中包含了这些窗口的打开操作命令,只要单击相应命令就可以将窗口打开。例如,单击"视图"→"代码窗口"命令,就可以马上打开代码窗口,进入代码编写状态。

所有的窗口都可以通过单击标题栏右侧的"关闭"按钮进行关闭。

3. 退出

单击"文件"→"退出"菜单项或者单击主窗口右上角的"关闭"按钮。

实训 1.1.2 设计 1 个图片浏览器应用程序,其运行效果如图 1.1 所示,具体要求如下。

(1)窗体上有 1 个图片框、3 个命令按钮。

(2)单击"显示图片 1"命令按钮,在图片框中显示第 1 张图片。

(3)单击"显示图片 2"命令按钮,在图片框中显示第 2 张图片。

(4)单击"关闭"命令按钮,结束程序。

图 1.1 "图片浏览器"运行效果

【问题分析】

(1)通过"图片浏览器"应用程序的制作,掌握工程管理的相关操作,如创建工程、打开工程、保存工程、运行工程等。

(2)理解对象的含义,掌握属性、事件和方法的基本操作。

(3)掌握一般应用程序的设计步骤,即建立用户界面的对象、设置对象的属性、编写程序代码、保存和运行应用程序。

(4)该程序中涉及图片的加载,利用 LoadPicture 函数实现。

【设计步骤】

1. 界面设计

新建工程,只有 1 个窗体,在窗体上添加 1 个图片框(PictureBox)和 3 个命令按钮(CommandButton),对象的布局如图 1.1 所示。

2. 代码编写

对象被添加到窗体后,其属性都有一个默认的值,用户可以更改属性值。在属性窗口设置对象的属性,如表 1.1 所示。

表 1.1 实训 1.1.2 对象属性设置

对象名	属性名	属性值
Form1	Caption	图片浏览器
Command1	Caption	显示图片 1
Command2	Caption	显示图片 2
Command3	Caption	关闭

3. 代码编写

在图片框中显示图片,利用 LoadPicture 函数来对图片框的 Picture 属性进行设置。双击相应命令按钮,进入代码窗口,编写事件过程。事件过程的代码如下:

```
Private Sub Command1_Click()
    Picture1.Picture = LoadPicture(App.Path + "\tu1.jpg")
End Sub
Private Sub Command2_Click()
    Picture1.Picture = LoadPicture(App.Path + "\tu2.jpg")
End Sub
Private Sub Command3_Click()
    End
End Sub
```

提示:

App.Path 表示相对路径的使用,也就是用户要将图片文件和应用程序放在同一个文件夹中。

4. 调试运行

新建一个文件夹,命名为"实训 1.1.2"。单击"文件"→"保存工程"命令,弹出"文件另存为"对话框,选择保存在"实训 1.1.2"文件夹中,输入窗体文件名,随即弹出"工程另存为"对话框,输入工程文件名。单击"运行"→"启动"命令,运行应用程序。单击每一个命令按钮,查看运行效果。

三、实践提高

实训 1.1.3 制作一个"画圆"应用程序,不但可以画圆,还可以将其清除,其运行效果如图 1.2 所示。

【任务目标】

单击"画圆"命令按钮,在窗体的适当位置画出一个红色粗线的圆;单击"擦除"命令按钮,将窗体上的圆清除。通过该程序的设计,进一步掌握 Visual Basic 6.0 的集成开发环境的使用,理解并掌握一般应用程序的开发步骤。

【任务分析】

首先要启动 Visual Basic 6.0,利用集成开发环境中的各种工具,按照应用程序设计步骤进行应用程序的开发设计。

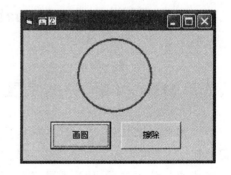

图 1.2 "画圆"程序运行效果

(1)程序中使用了 1 个窗体、2 个命令按钮,利用工具箱将其添加并进行布局。

(2)设置每个对象的属性。直接在属性窗口中进行设置即可。其中,红色粗线分别使用窗体的 ForeColor 和 DrawWidth 属性来设置。

(3)编写过程代码。画圆使用窗体的 Circle 方法,如 Form1.Circle(2000,1000),800;清除窗体内容使用 Cls 方法。

(4)保存程序并运行。

四、问题思考

在实训 1.1.2"图片浏览器"应用程序中,使用图片的加载函数来显示图片。如果需要将图片隐藏,使用什么方法实现? 如何设计应用程序?

五、实训练习

设计一个"显示文字"应用程序,其运行效果如图 1.3 所示。文本框初始状态是空的,适当设置其字体和颜色,并使文字居中显示。单击"显示"命令按钮,在文本框显示"Visual Basic 程序设计",单击"清空"命令按钮,将文本框中的内容清除。

图 1.3 "显示文字"运行效果

实训 1.2 Visual Basic 帮助系统的使用

一、使用 MSDN Library 查阅器

使用 MSDN Library 查阅器的前提是先安装 Visual Basic 的帮助系统,即 MSDN,其安装过程同其他软件的安装。如果没有,可到网络上搜索 MSDN 下载。

安装了 MSDN 之后,用户即可启动 MSDN Library 查阅器,其步骤如下。

(1)启动 Visual Basic。

(2)在 Visual Basic 窗口中,单击"帮助"菜单下的"内容"、"索引"或"搜索"命令,都可打开 MSDN 窗口,如图 1.4 所示。

(3)MSDN 以浏览器的方式显示帮助文档,它保持了浏览器的全部特性。窗口下半部分的左侧有 4 个选项卡,打开某个选项卡,可以用不同的方式显示帮助文档。

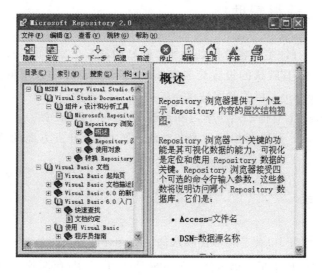

图 1.4　MSDN 帮助窗口

①打开"目录"选项卡,可以在左侧显示区列表中显示所有文档的名称。单击某个目录,即可在窗口的右侧显示相应的内容。

②打开"索引"选项卡,可以在"键入要查找的关键字"文本框中输入要查找的内容,在其下面的列表框中显示查找到的关键字,单击该关键字,然后单击"显示"按钮,即可在窗口右侧显示相应的内容。

③打开"搜索"选项卡,在"键入要查找的单词"文本框中输入要查找的单词,单击"列出主题"按钮,即可在下面的"选择主题"列表中列出相关的主题,选择其中的某个主题,单击"显示"按钮,将在窗口右侧显示区显示该主题的内容。

④打开"书签"选项卡,在"主题"列表中,选择某个主题,然后单击"显示"按钮,即可在窗口右侧显示该主题的内容。

二、使用上下文相关帮助

Visual Basic 的许多内容是上下文相关的。上下文相关意味着不选择"帮助"菜单就可直接获得有关这些内容的帮助。如果要获得有关 Visual Basic 语言中任何关键词的帮助信息,则只需将光标插入点置于代码窗口中的关键词上,并按 F1 键,即可打开帮助窗口,在窗口右侧显示该关键词的帮助信息。

通常,以下几个方面都可以使用上下文相关帮助。

（1）Visual Basic 中的每个窗口,如属性窗口、代码窗口、工程资源管理器窗口等。

（2）工具箱中的控件。

（3）窗体或文档中的对象。

（4）属性窗口中的属性。

（5）Visual Basic 关键词（过程、声明、函数、属性、方法、事件和特殊对象）。

（6）错误信息。

三、从 Internet 上获得帮助

MSDN Library 中有许多内容链接以及外部网站的链接。MSDN 查阅器使用了 Internet Explorer 浏览器的引擎,其默认的设置为脱机模式,但当激活了与外部网站的链接后就会切换到联机模式,与 Internet 上相关的网站建立连接。

除此之外,Internet 上有许多用于学习和交流的 Visual Basic 站点,通过这些站点可以与世界各地的 Visual Basic 爱好者相互学习和交流,获取软件开发方面的资料,如微软公司的 Visual Basic 网站"http://msdn.microsoft.com/vbasic/"等。

四、样例应用程序

"帮助"中的许多主题,包含了一些代码示例。Visual Basic 提供了上百个样例,为学习、理解、掌握 Visual Basic 提供了很大的方便。Visual Basic 6.0 中,在安装 MSDN 时,这些样例默认安装在"\Program Files\Microsoft Visual Studio\MSDN 98\98 VS\2052\Samples\VB 98\"子目录中。在该子目录下,又以不同的子目录存放了许多样例工程。用户只要打开所需的工程,就可以运行并观察其效果,也可查看代码,学习各控件的使用和编程思路。

用户需要运行所提供的样例时,同已建立的工程文件一样,通过单击"文件"→"打开工程"命令,再根据样例应用程序的安装路径,打开所需的样例进行学习。

实训 1.3　发布应用程序

建立的应用程序工程文件都是在 Visual Basic 的集成开发环境中运行的,编程工作结束后,还应该对应用程序进行编译,将其转换成可以脱离 Visual Basic 集成开发环境的可执行文件,能直接在 Windows 环境下运行。有时还需要为应用程序创建安装包,将应用程序所用到的所有部件集合在一起,便于发布。

制作可执行文件的编译代码格式有两种:伪代码格式和本地代码格式。伪代码格式的可执行程序是采取解释方式执行;本地代码格式的应用程序不需要解释而直接执行,因此速度更快一些。

一、制作可执行文件

在这里主要介绍编译为本地代码格式的".exe"可执行文件,其步骤如下。

(1)单击"文件"→"打开工程"命令,打开要编译的工程。

(2)单击"文件"→"生成 exe"命令,打开"生成工程"对话框,指定要生成的可执行文件的名称和存放位置,如图 1.5 所示。

(3)单击"选项"按钮,打开"工程属性"对话框,在"生成"选项卡中设置程序的各种信息,如图 1.6 所示。

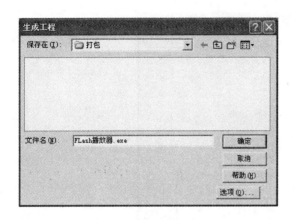

图 1.5 "生成工程"对话框

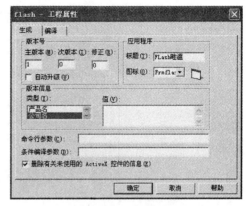

图 1.6 "工程属性"对话框

(4)打开"编译"选项卡,选中"编写为本机代码"单选按钮,根据需要在对话框中选择所需选项。

(5)如果要进一步控制编译程序的优化过程,则单击"高级优化"按钮,打开"高级优化"对话框,如图1.7所示。根据需要选中所需的优化选项,单击"确定"按钮,关闭"高级优化"对话框。单击"确定"按钮,关闭"工程属性"对话框。

(6)单击"生成工程"对话框中的"确定"按钮,系统开始编译工程。编译完成后,可使用文件夹窗口找到编译好的可执行文件。

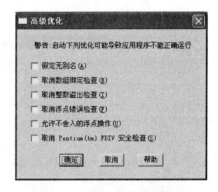

图 1.7 "高级优化"对话框

二、使用打包和展开向导

如果要将已生成的".exe"文件通过磁盘、CD或网络共享来发布,则必须创建标准软件包。Visual Basic 提供了"打包和展开向导"实用程序,使用"打包和展开向导"可以轻松地为应用程序创建一个专业的安装程序包。

例如,已编译生成一个"Flash 播放器.exe"应用程序,现在为它创建安装程序包,操作步骤如下。

(1)打开"外接程序"菜单,查看有无"打包和展开向导"命令,若有则执行步骤(3),否则执行步骤(2)。

(2)单击"外接程序"→"外接程序管理器"命令,打开"外接程序管理器"对话框,从中选择"打包和展开向导"选项并加载,如图1.8所示,则菜单中即可出现"打包和展开向导"命令。

(3)单击"外接程序"→"打包和展开向导"命令,打开如图1.9所示的对话框。单击"打包"按钮,若编译程序发生过修改,则有提示,回答"是"即可,打开如图1.10所示的对话框。

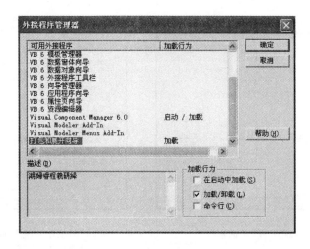

图 1.8 加载"打包和展开向导"

图 1.9 "打包和展开向导"对话框

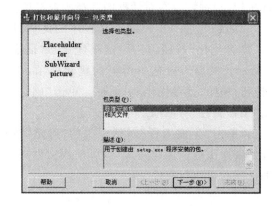

图 1.10 选择包类型

(4)选择打包类型为"标准安装包",单击"下一步"按钮,打开如图 1.11 所示的对话框。

(5)选择或输入文件夹,确定打包文件被安装时的默认路径,单击"下一步"按钮,如果路径不存在,则提示"是否创建",回答"是"。

(6)在如图 1.12 所示的对话框中确定打包文件所包含的文件,单击"下一步"按钮,打开如图 1.13 所示的对话框。

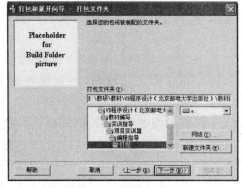

图 1.11 选择打包文件夹

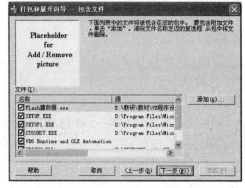

图 1.12 选择包含文件

(7)如果通过软盘发布应用程序,则选中"多个压缩文件"单选按钮,压缩文件大小为 1.44 MB;如果不通过软盘发布,则可以不关心压缩文件的大小,此时选中"单个的压缩文件"单选按钮。

(8)按照向导的要求,逐步进行如图 1.14~图 1.18 所示的选择和设置,最后单击"完成"按钮结束应用程序的打包工作。

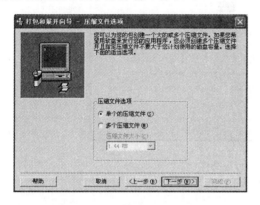

图 1.13 "压缩文件选项"对话框

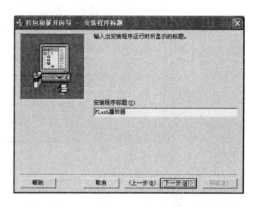

图 1.14 设置"安装程序标题"

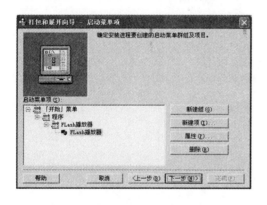

图 1.15 设置"启动菜单项"

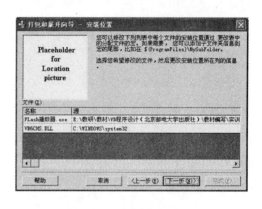

图 1.16 设置"安装位置"

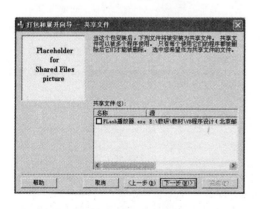

图 1.17 设置"共享文件"

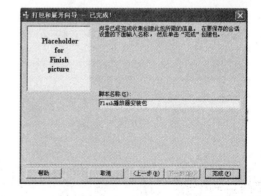

图 1.18 设置"脚本名称"

(9)启动 Windows 资源管理器,打开在图 1.11 中设置的文件夹,查看文件夹中的一个以工程命名的子文件夹,在此子文件夹中包含工程应用程序文件和安装所用的文件,如图 1.19

所示。至此,打包工作全部完成。

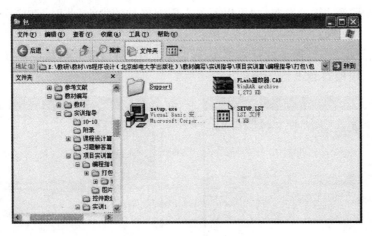

图 1.19　生成的打包文件

第 2 章 顺序结构程序设计

实训 2.1 简单的输入/输出程序设计

一、实训目的

(1) 熟悉 Visual Basic 6.0 的数据类型。
(2) 掌握变量和常量的基本用法。
(3) 熟悉常用内部函数。
(4) 掌握 Visual Basic 6.0 中的基本输入/输出语句。
(5) 掌握输入对话框和消息框的使用。
(6) 了解 Visual Basic 6.0 应用程序的常见错误和调试技术。

二、实训内容

实训 2.1.1 设计一个应用程序,完成两个文本框内容的互换。例如,在第 1 个文本框输入"程序",第 2 个文本框输入"设计",单击"交换"命令按钮后,运行效果如图 2.1 所示。

【问题分析】
该程序考查关于赋值语句的应用以及变量的含义。在程序运行过程中,变量的值可以发生改变。

一个完整的应用程序包含 3 个部分,依次是输入数据、处理数据和输出数据。在设计程序的过程中应该遵循这个次序。

要交换两个文本框内容,与交换两个变量值一样,其基本过程如下。

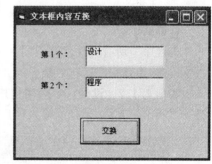

图 2.1 "文本框内容互换"运行效果

(1) 定义两个字符型变量,分别放置文本框内容。
(2) 使用一个中间变量 t,先将第 1 个变量内容暂存 t 中,再将第 2 个变量内容存入第 1 个变量,最后将 t 中内容存入第 2 个变量。
(3) 将两个变量值放回文本框中。

【设计步骤】
1. 界面设计
创建一个应用程序,在窗体上添加 2 个标签、2 个文本框和 1 个命令按钮,对象的布局如

图 2.1 所示。

2. 属性设置

对用户界面上的对象进行属性设置,其属性值列表如表 2.1 所示。

表 2.1 实训 2.1.1 对象属性设置

对象名	属性名	属性值
Form1	Caption	文本框内容互换
Label1	Caption	第1个:
Label2	Caption	第2个:
Text1	Text	空
Text2	Text	空
Command1	Caption	交换

3. 代码编写

单击命令按钮时,进行交换操作,其事件过程代码如下:

```
Private Sub Command1_Click()
    Dim first As String, second As String, t As String
    first = Text1.Text
    second = Text2.Text
    t = first
    first = second
    second = t
    Text1.Text = first
    Text2.Text = second
End Sub
```

4. 调试运行

将程序中所有文件保存到同一个文件夹中,运行程序,在文本框中输入内容,单击"交换"命令按钮,观察程序运行效果。

实训 2.1.2 设计一个应用程序,输入圆的半径,计算出圆的周长和面积,其运行效果如图 2.2 所示。其中,半径的输入使用输入对话框实现。

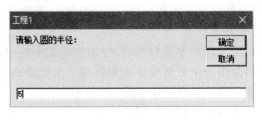

图 2.2 "圆的周长和面积"运行效果

第 2 章 顺序结构程序设计

【问题分析】

(1)常量分为普通常量和符号常量,符号常量要用 Const 语句来定义。计算圆的周长和面积都要用到 π 值,将其定义为符号常量。

(2)变量具有作用域,在其作用域范围内有效,否则被释放。圆的半径在输入和计算时都用到了,所以要将其定义为窗体级变量,即在本窗体内的任何过程中都是有效的。

(3)输入数据可以使用控件也可以使用 InputBox 函数实现,将字符串转换成数值用 Val 函数实现。

(4)应用程序结束使用 End 语句,如果程序只有一个窗体也可以使用 Unload Me 来结束运行。

【设计步骤】

1. 界面设计

建立应用程序,在窗体上添加 3 个标签、3 个文本框和 3 个命令按钮,布局如图 2.2 所示。

2. 属性设置

对用户界面上的对象进行属性设置,其属性值列表如表 2.2 所示。

表 2.2 实训 2.1.2 对象属性设置

对象名	属性名	属性值
Form1	Caption	圆的周长和面积
Label1	Caption	圆的半径:
Label2	Caption	圆的周长:
Label3	Caption	圆的面积:
Text1	Text	空
Text2	Text	空
Text3	Text	空
Command1	Caption	输入
Command2	Caption	计算
Command3	Caption	结束

3. 代码编写

(1)在窗体模块的通用声明段,定义存放半径的变量和常量 π 值,代码如下:

```
Dim r As Single
Const pi = 3.14159
```

(2)利用输入对话框输入半径,并将其输出显示,代码如下:

```
Private Sub Command1_Click()
    r = Val(InputBox("请输入圆的半径:"))
    Text1.Text = r
End Sub
```

(3)计算圆的周长和面积并输出结果,代码如下:

```
Private Sub Command2_Click()
    Dim c As Single, s As Single
    c = 2 * pi * r
    s = pi * r ^ 2
    Text2.Text = c
    Text3.Text = s
End Sub
```

（4）程序结束的代码如下：

```
Private Sub Command3_Click()
    Unload Me
End Sub
```

4. 调试运行

将应用程序保存，运行程序，单击"输入"命令按钮，输入半径值，然后单击"计算"命令按钮，查看计算结果是否正确。

实训 2.1.3　设计一个应用程序，输入时间为总秒数，将其转换成小时、分和秒，其运行效果如图 2.3 所示。

图 2.3　"秒数转换"运行效果

【问题分析】

（1）总秒数的输入使用 InputBox 函数实现。

（2）1 小时＝3 600 秒，假设总秒数为 t，t 与 3 600 进行整除，得到的结果就是小时数。

（3）1 分＝60 秒，从 t 里面减去小时数乘以 3 600，再与 60 整除，得到分钟数。

（4）从 t 里面减去小时数乘以 3 600，再减去分钟数乘以 60，得到秒数。

【设计步骤】

1. 界面设计

建立应用程序，在窗体上添加如图 2.3 所示的控件。

2. 属性设置

对用户界面上的对象进行属性设置，其属性值列表如表 2.3 所示。

表 2.3　实例 2.1.3 对象属性设置

对象名	属性名	属性值
Form1	Caption	秒数转换
Label1	Caption	输入总秒数：
Label2	Caption	转换小时数：
Label3	Caption	转换分钟数：
Label4	Caption	转换秒数：
Text1	Text	空
Text2	Text	空
Text3	Text	空
Text4	Text	空
Command1	Caption	输入并转换
Command2	Caption	结束

3. 代码编写

单击"输入并转换"命令按钮，先弹出输入对话框来输入总秒数，再进行转换操作，最后再将结果输出到文本框中。单击"结束"命令按钮，结束程序运行。代码如下：

```
Private Sub Command1_Click()
    Dim t As Integer
    Dim h As Integer, m As Integer, s As Integer
    t = Val(InputBox("输入总秒数:"))
    h = t \ 3600                         '计算小时数
    m = (t - h * 3600) \ 60              '计算分钟数
    s = t - h * 3600 - m * 60            '计算秒数
    Text1.Text = t
    Text2.Text = h
    Text3.Text = m
    Text4.Text = s
End Sub
Private Sub Command2_Click()
    End
End Sub
```

4. 调试运行

将应用程序保存，运行程序，单击"输入并转换"命令按钮，输入总秒数 5 000，查看程序运行效果，验证其正确性。

三、实践提高

实训 2.1.4　设计一个应用程序，随机生成两个两位的正整数，并将这两个数的和显示出来，其运行效果如图 2.4 所示。

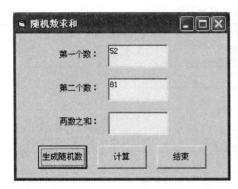 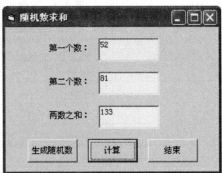

图 2.4 "随机数求和"运行效果

【任务目标】

(1)应用程序界面设计如图 2.4 所示,首先在窗体上添加控件并布局,然后设置对象的属性,其属性值列表如表 2.4 所示。

表 2.4 实训 2.1.4 对象属性设置

对象名	属性名	属性值
Form1	Caption	随机数求和
Label1	Caption	第一个数:
Label2	Caption	第二个数:
Label3	Caption	两数之和:
Text1	Text	空
Text2	Text	空
Text3	Text	空
Command1	Caption	生成随机数
Command2	Caption	计算
Command3	Caption	结束

(2)单击"生成随机数"命令按钮,在 Text1 和 Text2 中生成两个两位数的随机整数。

(3)单击"计算"命令按钮,对两个随机整数求和并显示在 Text3 中。

(4)单击"结束"命令按钮,结束程序运行。

【任务分析】

该程序考查顺序结构程序设计的方法,包括基本的输入/输出语句、变量的声明和应用、内部函数的使用等内容,进一步体验程序设计过程中应该包含的 3 个部分内容:输入数据、处理数据和输出数据。

(1)生成随机数使用 Rnd 函数实现,生成整数则使用 Int 函数实现。生成 $[a,b]$ 区间范围的随机整数,使用如下公式来实现:

$$\text{Int}((b-a+1)*\text{Rnd}+a)$$

(2)为了避免同一序列的随机数重复出现,使用 Randomize 语句来初始化随机数生成器。

(3)因为两个随机数在两个事件过程中都使用到,所以要将其定义为窗体模块级变量,即在窗体的通用声明段进行定义变量。

四、问题思考

(1)在实训 2.1.1 中,如果不定义 first 和 second 变量,直接利用 t 变量来实现两个文本框内容互换,是否能够实现？如何修改程序？

(2)在设计程序的过程中,如果出现程序错误,如何判断是哪种错误？如何利用工具调试程序并修改程序？

(3)在实训 2.1.2 中,输入半径的语句"r = Val(InputBox("请输入圆的半径:"))",如果不使用 Val 函数,程序是否有变化？为什么？

(4)实训 2.1.3 中使用了整除操作来实现转换,如果是一个两位数,要将其每个位上的数字单独取出来,如何实现？

五、实训练习

(1)设计程序,输入 3 位整数,将其数字逆序组合并显示。例如,3 位数"168",逆序组合后输出"861"。

提示：利用整除操作实现取各位数字。

(2)设计一个万年历程序,显示某年元旦那一天是星期几。

公式：$f = y - 1 + \left[\dfrac{y-1}{4}\right] - \left[\dfrac{y-1}{100}\right] + \left[\dfrac{y-1}{400}\right] + 1, k = f \bmod 7$。其中,[ ]表示取整,$y$ 是某年公元年号,计算出 k 值为星期几,$k=0$ 表示星期天。

提示：某年公元年号是用户输入的数据,经过公式的计算,最后得到 k 的值。

(3)设计一个程序,将华氏温度转换成摄氏温度。转换公式为 $C = \dfrac{5}{9}(F-32)$。其中,F 为华氏温度,C 为摄氏温度。自行设置界面。

实训 2.2　窗体与基本控件的应用

一、实训目的

(1)进一步了解 Visual Basic 6.0 的集成开发环境。
(2)熟悉利用对象建立用户图形界面的方法步骤。
(3)掌握窗体的常用属性、事件和方法。
(4)掌握命令按钮、标签和文本框的基本用法。
(5)掌握时钟控件的重要属性、事件和方法及一般应用。
(6)进一步掌握 Visual Basic 6.0 应用程序设计步骤。

二、实训内容

实训 2.2.1 设计一个应用程序,用来显示、关闭窗体以及控制窗体大小,具体要求如下。

(1)应用程序有两个窗体,其中第 1 个是启动窗体,第 2 个是显示窗体,运行效果如图 2.5 所示。

(2)在第 1 个窗体上有两个命令按钮,分别是"显示窗体"命令按钮和"关闭窗体"命令按钮。

(3)第 2 个窗体的标题栏上没有"最大化"和"最小化"按钮,窗体上有 3 个命令按钮:"最小化"、"最大化"和"还原"命令按钮。

(4)单击"显示窗体"命令按钮,即可出现第 2 个窗体,单击"关闭窗体"命令按钮,关闭第 2 个窗体。

(5)单击"最小化"命令按钮,将第 2 个窗体最小化显示,单击"最大化"命令按钮,将第 2 个窗体最大化显示,单击"还原"命令按钮,将第 2 个窗体回复原状。

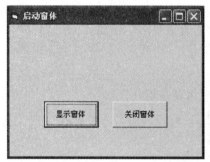 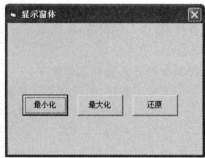

图 2.5 窗体程序运行效果

【问题分析】

该程序利用窗体的常用属性和方法,控制窗体的外观和显示状态。

(1)窗体的标题栏文本信息使用 Caption 属性,可直接在属性窗口中更改。

(2)窗体标题栏"最大化"按钮是由 MaxButton 属性控制,"最小化"按钮是由 MinButton 属性控制,将其设置为"False",即可使按钮不显示。

(3)窗口显示状态是由 WindowState 属性控制,其值等于"0"时为正常状态,等于"1"时为最小化状态,等于"2"时为最大化状态。

(4)显示窗体使用 Show 方法,其格式为"对象名.Show"。关闭窗体使用 Unload 语句,其格式为"Unload 对象名"。

【设计步骤】

1. 界面设计

创建应用程序,默认有 1 个窗体 Form1,将其作为第 1 个窗体,单击"工程"→"添加窗体"命令,生成 Form2,将其作为第 2 个窗体。利用工具箱,在第 1 个窗体上添加两个命令按钮,第 2 个窗体上添加 3 个命令按钮。效果如图 2.5 所示。

2. 属性设置

用户界面上的对象被添加后,直接在属性窗口设置各个对象的属性,如表 2.5 所示。

表 2.5 实训 2.2.1 对象属性设置

对象名	对象	属性名	属性值
Form1 窗体	Form1	Caption	启动窗体
	Command1	Caption	显示窗体
	Command2	Caption	关闭窗体
Form2 窗体	Form2	Caption	显示窗体
		MaxButton	False
		MinButton	False
	Command1	Caption	最小化
	Command2	Caption	最大化
	Command3	Caption	还原

3. 代码编写

(1) 对 Form1 窗体进行代码编写,单击 Command1 命令按钮显示窗体 Form2,单击 Command2 命令按钮关闭窗体 Form2,所以这两个事件过程代码如下:

```
Private Sub Command1_Click()
    Form2.Show                '显示 Form2 窗体
End Sub
Private Sub Command2_Click()
    Unload Form2              '卸载 Form2 窗体
End Sub
```

(2) 对 Form2 窗体编写事件过程代码,3 个命令按钮分别控制 Form2 窗体运行时的窗体显示状态,即改变它的 WindowState 属性,所以事件代码如下:

```
Private Sub Command1_Click()
    Form2.WindowState = 1     '窗口最小化
End Sub
Private Sub Command2_Click()
    Form2.WindowState = 2     '窗口最大化
End Sub
Private Sub Command3_Click()
    Form2.WindowState = 0     '窗口还原
End Sub
```

4. 调试程序

程序代码编写完毕后要保存文件,将两个窗体文件和一个工程文件同时保存在同一个文件夹中。运行程序,然后分别单击每个命令按钮,查看程序运行效果。

实训 2.2.2 设计一个"图片按钮"应用程序,在按钮上显示图片,运行效果如图 2.6 所示,具体要求如下:

(1)应用程序有1个窗体,窗体上有1个标签和2个命令按钮。

(2)标签初始状态是空值,且不可见。2个命令按钮都是图片按钮,其初始状态如图2.6(a)所示。

(3)单击"灯暗"命令按钮,2个命令按钮状态变成如图2.6(b)所示。

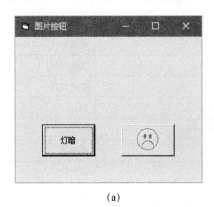 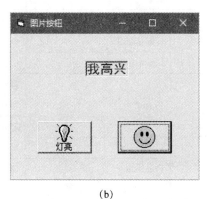

　　　　　　(a)　　　　　　　　　　　　(b)

图2.6　"图片按钮"运行效果

(4)单击"笑脸"命令按钮,标签显示并有文字"我高兴"出现。

【问题分析】

该程序是对命令按钮的应用,其中主要考查了图片按钮的应用。

(1)命令按钮上文字信息的显示使用的是其Caption属性。

(2)要在按钮上显示图片信息,首先需要设置Style属性,该属性有两个值:为"0"时,命令按钮为标准按钮;为"1"时,命令按钮为图片按钮。

(3)设置Style属性为"1",再设置按钮的Picture属性,可以在属性窗口中加载图片,也可以在代码中使用LoadPicture函数来加载图片。

(4)标签是否可见,使用其Visible属性来控制,"False"值为不可见,"True"值为可见。

【设计步骤】

1. 界面设计

按照上述要求,参照图2.6建立应用程序的用户界面,在窗体上添加2个命令按钮和1个标签。

2. 属性设置

对象创建之后要对其属性进行设置,在属性窗口直接更改对象的属性,其属性值的列表如表2.6所示。

表2.6　实训2.2.2对象属性设置

对象名	属性名	属性值
Form1	Caption	图片按钮
Label1	Caption	空
	Visible	False
	BorderStyle	1-Fixed Single

续表

对象名		属性名	属性值
命令按钮	CmdLight	Caption	灯暗
		Style	1-Graphical
		Picture	LIGHTOFF.ico
	CmdFace	Caption	空
		Enabled	False
		Style	1-Graphical
		Picture	FACE04.ico

在命令按钮上显示图片的方法是：在属性窗口找到命令按钮的 Picture 属性，单击其属性值列表中的 ... 按钮，弹出"加载图片"对话框，然后在对话框中找到要加载的图片位置及其文件名，单击"打开"按钮，该图片就会被加载到命令按钮上。

3. 代码编写

针对 CmdLight 命令按钮和 CmdFace 命令按钮编写事件过程代码，其代码如下：

```
Private Sub CmdFace_Click()
    Label1.Visible = True
    Label1.ForeColor = &HFF&
    Label1.Caption = "我高兴"
    CmdFace.Enabled = False
End Sub
Private Sub CmdLight_Click()
    CmdLight.Picture = LoadPicture("lighton.ico")    'lighton.ico 和 face02.ico 在当前目录下
    CmdFace.Picture = LoadPicture("face02.ico")
    CmdLight.Caption = "灯亮"
    CmdFace.Enabled = True
End Sub
```

4. 调试运行

将程序保存，并运行。单击相应的命令按钮，查看运行效果。

实训 2.2.3 设计一个"文本复制"的应用程序，程序运行效果如图 2.7 所示，具体要求如下。

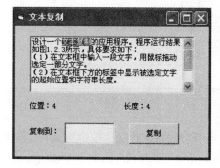 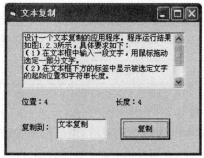

图 2.7 "文本复制"运行效果

(1)在文本框中输入一段文字,用鼠标拖动选定一部分文字。
(2)在文本框下方的标签中显示被选定文字的起始位置和字符串长度。
(3)单击"复制"命令按钮,将被选定的文字复制到第2个文本框中。

【问题分析】

该程序是对文本框控件的基本应用,涉及文本框常用的一些属性和事件。

(1)文本框的文本显示由 Text 属性控制,文字在文本框中多行显示需设置 MultiLine 属性为"True",然后可以给文本框添加滚动条,使用 ScrollBars 属性。ScrollBars 属性的取值有4个:"0"是不加滚动条,"1"是加水平滚动条,"2"是加垂直滚动条,"3"是加水平垂直两种滚动条。

(2)在文本框中选定文本有3个属性可以使用,SelStart 属性表示被选定文本的起始位置,SelLength 属性表示被选定文本的长度,SelText 属性表示被选定文本的内容。

(3)字符串的连接使用"&"运算符。

(4)鼠标按键弹起后将触发 MouseUp 事件过程。

【设计步骤】

1. 界面设计

按照图 2.7 所示建立应用程序的用户界面。在窗体上添加 2 个文本框、3 个标签和 1 个命令按钮。

2. 属性设置

对用户界面上的对象进行属性设置,其属性值列表如表 2.7 所示。

表 2.7 实训 2.2.3 对象属性设置

对象名	属性名	属性值
Form1	Caption	文本复制
Text1	Text	设计一个文本复制的应用程序。程序运行结果如图 1.2.3 所示,具体要求如下:(1)在文本框中输入一段文字,用鼠标拖动选定一部分文字。(2)在文本框下方的标签中显示被选定文字的起始位置和字符串长度。
	MultiLine	True
	ScrollBars	2-Vertical
Text2	Text	空
Label1	Caption	位置:
Label2	Caption	长度:
Label3	Caption	复制到:
Command1	Caption	复制

3. 代码编写

(1)在文本框中输入文字后,用鼠标拖动选定部分文字,当鼠标按键弹起时,马上显示被选定文字的起始位置和长度,所以触发的是 Text1 的 MouseUp 事件,其代码如下:

Private Sub Text1_MouseUp(Button As Integer, Shift As Integer, X As Single, Y As Single)

```
        Label1.Caption = "位置：" & Text1.SelStart
        Label2.Caption = "长度：" & Text1.SelLength
    End Sub
```

(2)文字被选定后，单击"复制"命令按钮，将其复制到第 2 个文本框中，其代码如下：

```
    Private Sub Command1_Click()
        Text2.Text = Text1.SelText
    End Sub
```

4. 调试运行

保存应用程序中的所有文件，运行程序，进行上述操作，查看运行效果。

实训 2.2.4 利用时钟控件及 Image 控件设计一个"红绿灯"程序。单击"启动红绿灯"命令按钮后，该命令按钮的标题改变为"关闭红绿灯"，且红、绿、黄 3 种颜色的灯每隔 1 s 变换一次；单击"关闭红绿灯"命令按钮后，信号灯停止变换，且该命令按钮标题改变为"启动红绿灯"。运行效果如图 2.8 所示。

(a)"红绿灯"初始效果　　　　　　(b)"红绿灯"运行效果

图 2.8　"红绿灯"运行效果

【问题分析】

(1)首先要将 3 种颜色的灯放置于窗体中，这里采用 Image 控件，在窗体上放置 3 个 Image 控件，之后设置 Image 控件的 Picture 属性，分别加载红、绿、黄灯图片，如图 2.9 所示。然后将 3 个 Image 控件叠加在一起，外观看起来像一个图片。红绿灯图标文件在"…\Microsoft Visual Studio\Common\Graphics\Icons\Traffic"文件夹中。

(2)利用时钟控件的 Timer 事件来控制红绿灯变换，将时钟控件的 Interval 属性设置为"1000"，即为每隔 1 s 发生一次 Timer 事件。该事件中，通过改变图片的 Visible 属性实现图片交替显示，即实现了红绿灯的变换。

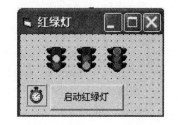

图 2.9　"红绿灯"应用程序布局界面

【设计步骤】

1. 界面设计

根据题目要求，设计界面。在窗体上放置 3 个 Image 控件、1 个命令按钮及 1 个时钟控件，如图 2.9 所示。

2. 属性设置

属性设置如表 2.8 所示。

表 2.8 实训 2.2.4 对象属性设置

控件名称	属性名	属性值
Form1	Caption	红绿灯
Command1	Caption	启动红绿灯
Timer1	Enabled	False
	Interval	1000

3. 代码编写

分别在命令按钮的 Click 事件中及时钟的 Timer 事件中编写如下代码：

```
Private Sub Command1_Click()
    If Command1.Caption = "启动红绿灯" Then
        Timer1.Enabled = True
        Command1.Caption = "关闭红绿灯"
    Else
        Timer1.Enabled = False
        Command1.Caption = "启动红绿灯"
    End If
End Sub

Private Sub Timer1_Timer()
    If Imggreen.Visible = True Then        '若当前绿灯亮,则绿灯关闭,启动黄灯
        Imggreen.Visible = False
        Imgyellow.Visible = True
    ElseIf Imgyellow.Visible = True Then   '若当前黄灯亮,则黄灯关闭,启动红灯
        Imgred.Visible = True
        Imgyellow.Visible = False
    ElseIf Imgred.Visible = True Then      '若当前红灯亮,则红灯关闭,启动绿灯
        Imgred.Visible = False
        Imggreen.Visible = True
    End If
End Sub
```

4. 调试运行

运行程序,单击"启动红绿灯"命令按钮,观察信号灯切换情况,再单击"关闭红绿灯"命令按钮,观察程序运行情况。

实训 2.2.5 设计一个可以控制汽车移动的程序,如图 2.10 所示。要求程序运行时,单击"开始"命令按钮,则窗体上的汽车图片以每 0.1 s 向右移动 20;如果单击"停止"命令按钮,则汽车图片停止移动。

【问题分析】

(1)要控制汽车图片移动,需要改变图片的 Left 属性。而要实现每 0.1 s 移动一定距离,必须借助于时钟控件,时钟控件能有规律地以一定的时间间隔激发 Timer 事件而执行相应的

事件代码。

(2)设置时钟控件的 InterVal 属性,该属性用于设定时钟触发事件的时间间隔,单位为 ms(毫秒)。每隔 0.1 s 产生一个时钟事件,则 InterVal 属性值应设置为 100。

(3)通过"开始"及"停止"命令按钮控制图片是否移动,则需要使用时钟控件的 Enabled 属性,以设置时钟控件是否有效。Enabled 属性是一个逻辑值,值为"True"时,开始有效计时,到达计时则触发 Timer 事件;值为"False"时,时钟控件停止工作,不再触发事件。

图 2.10 "汽车移动"界面

【设计步骤】

1. 界面设计

根据题目要求,设计界面。在窗体上放置图像框 Image1(用于容纳汽车图片)、1 个时钟控件(Timer1)、2 个命令按钮,如图 2.10 所示。

2. 属性设置

属性设置如表 2.9 所示。

表 2.9 实训 2.2.5 对象属性设置

控件名	属性名	属性值
Form1	Caption	汽车移动
Image1	Picture	"…\qich2.jpg"
Timer1	Enabled	False
Label3	Interval	100
Command1	Caption	开始
Command2	Caption	停止

3. 代码编写

(1)时钟控件 Timer1 的 Timer 事件代码如下:

```
Private Sub Timer1_Timer()
    Image1.Left = Image1.Left + 20
End Sub
```

(2)"开始"命令按钮的 Click 事件代码如下:

```
Private Sub Command1_Click()
    Timer1.Enabled = True
End Sub
```

(3)"停止"命令按钮的 Click 事件代码如下:

```
Private Sub Command2_Click()
    Timer1.Enabled = False
End Sub
```

4. 调试运行

运行程序,单击"开始"命令按钮,观察汽车移动情况,再单击"停止"命令按钮,观察程序运行情况。

三、实践提高

实训 2.2.6 设计一个"控件对齐方式"应用程序,使控件在窗体上左对齐、居中、右对齐进行显示,其运行效果如图 2.11 所示。

图 2.11 "控件对齐方式"运行效果

【任务目标】

(1)窗体上有 1 个文本框和 3 个命令按钮,布局如图 2.11 所示。对象的初始属性值如表 2.10 所示。

表 2.10 实训 2.2.6 对象属性设置

对象名	属性名	属性值
Form1	Caption	控件对齐方式
Text1	Text	空
	FontName	黑体
	FontSize	三号
Command1	Caption	左对齐
Command2	Caption	居中
Command3	Caption	右对齐

(2)单击"左对齐"命令按钮(Command1),文本框靠窗体左端显示,且文本框内文字显示"左对齐",文字在文本框内左对齐,红色显示。

(3)单击"居中"命令按钮(Command2),文本框在窗体居中显示,且文本框内文字显示"居中",文字在文本框内居中,绿色显示。

(4)单击"右对齐"命令按钮(Command3),文本框靠窗体右端显示,且文本框内文字显示"右对齐",文字在文本框内右对齐,蓝色显示。

通过该程序的设计掌握窗体和基本控件的使用方法和基本操作。

【任务分析】

(1)控制对象的位置可以使用 Left 和 Top 属性,这里只设置文本框的 Left 属性就可以使其在窗体的不同位置显示。

(2)文本框内的文字对齐方式由 Alignment 属性控制,其值为"0",代表左对齐;值为"1",代表右对齐;值为"2",代表居中。

(3)控制文本颜色的属性是 ForeColor 属性,可以用常量来实现,VbRed 代表红色,VbGreen 代表绿色,VbBlue 代表蓝色。

(4)若文本框在窗体上靠右显示,则其 Left 属性应设置为窗体宽度值减去文本框宽度值;若文本框在窗体上居中显示,则其 Left 属性设置为窗体宽度值减去文本框宽度值的一半。

四、问题思考

(1)实训 2.2.1 中的"关闭窗体"用了 Unload 语句,如果只是将窗体隐藏起来而不卸载,应该使用什么方法?

(2)实训 2.2.2 中的命令按钮是图片按钮格式,如果 Style 属性为"0",是否能利用 Picture 属性在按钮上显示图片? 当 Style 属性为"1"时,还可以设置 DisabledPicture 属性和 DownPicture 属性,试一试这两个属性分别代表什么含义?

(3)实训 2.2.3 中文本框的 SelStart、SelLength 和 SelText 属性是否能在属性窗口设置? 如果该程序进行如下修改:在 Text2 中输入文字,单击命令按钮时,用 Text2 的内容替换 Text1 中被选定的文字。将如何实现?

(4)对于实训 2.2.4,只能实现红、绿、黄 3 种信号灯之间的简单变化,每种信号灯只能在屏幕上停留 1 s,如果想让红灯停留 2 s,黄灯停留 1 s,绿灯停留 3 s,如图 2.12 所示,如何设计程序?

图 2.12 可控时间的"红绿灯"

五、实训练习

(1)设计一个应用程序,将窗体背景图片显示或隐藏,其运行效果如图 2.13 所示。单击"显示"命令按钮,将图片设为窗体背景,同时该按钮变为不可用,"隐藏"命令按钮变为可用;单击"隐藏"命令按钮,将窗体背景图片取消,同时该按钮变为不可用,"显示"命令按钮变为可用。

图 2.13 "改变窗体背景"运行效果

提示:

设置窗体背景图片语句:

　　Form1.Picture = LoadPicture(App.Path + "\pic.jpg")　'pic.jpg 可代换为任何其他图片文件名

取消窗体背景图片语句:

　　Form1.Picture = LoadPicture("")

(2)窗体上有 1 个命令按钮,其位置总在窗体中央,其大小随窗体的大小变化而改变。界面自行设计。

提示:

控件的位置属性是 Left 和 Top,大小属性是 Width 和 Height。

假定命令按钮的高度是窗体的 1/6,宽度是窗体的 1/5。

(3)设计一个通讯录的界面,如图 2.14 所示。单击"确定信息"命令按钮,弹出消息框"通讯信息输入完毕!";单击"重新输入"命令按钮,清除所有输入文字,激活第 1 个文本框。

图 2.14 "通讯录"运行效果

(4)设计一个应用程序,可以通过剪贴板实现文本的复制和移动操作。在第 1 个文本框输入一段文本,用鼠标拖动选定一部分文本,单击"剪切"命令按钮,再单击"粘贴"命令按钮,被选定的文本就移动到第 2 个文本框中;单击"复制"命令按钮,再单击"粘贴"命令按钮,被选定的文本就复制到第 2 个文本框中。运行效果如图 2.15 所示。

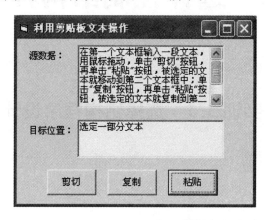

图 2.15 文本复制移动操作

提示:

在 Visual Basic 6.0 中,使用 Clipboard 对象来操作剪贴板。Clipboard 对象没有任何属性和事件,但可以利用它的方法实现对剪贴板的操作。Clipboard 的方法有:GetText 和 SetText,用来传送文本;GetData 和 SetData,用来传送图形;GetFormat 和 Clear,用于处理文本和图形。这里只用到传送文本的方法。

SetText 方法是将文本复制到剪贴板上,替换原来存储在里面的文本。语法格式如下:

    Clipboard.SetText 数据[,格式]

GetText 方法是返回存储在剪贴板上的文本。语法格式如下:

    目标=Clipboard.GetText( )

Clear 方法是清除剪贴板中的内容:

    Clipboard.Clear

所以,本程序中将文本放到剪贴板的语句是:

    Clipboard.SetText Text1.SelText,

粘贴操作的语句是:

    Text2.Text = Clipboard.GetText( )

第 3 章　选择控制结构程序设计

实训 3.1　选择结构程序设计

一、实训目的

(1) 了解选择结构程序设计的特点。
(2) 掌握 If 语句格式，包括单分支、双分支和多分支结构的实现。
(3) 掌握 Select Case 语句格式。
(4) 掌握选择结构的嵌套格式。

二、实训内容

实训 3.1.1　设计一个应用程序，输入 3 个数 a,b,c，找出其中最大值并输出，其运行效果如图 3.1 所示。

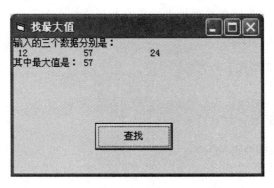

图 3.1　"找最大值"运行效果

【问题分析】

(1) 输入 3 个数分别存储在 a,b,c 变量中，使用 InputBox 函数来实现。
(2) 设定存储最大值的变量 max，先假定 max＝a 为最大值，然后用 max 与变量 b 进行比较，将较大的值放在 max 变量中，再用 max 与变量 c 比较，将较大的值放在 max 变量中。这时的 max 存储的就是 3 个变量中的最大值。
(3) 最后将 max 输出。

变量的比较使用 If…Then 语句实现,即单分支的条件语句,语句格式有两种。

① 单行结构格式:

  If ＜条件＞ Then 语句块

② 块结构格式:

  If ＜条件＞ Then
    语句块
  End If

功能:如果条件成立,则执行 Then 后面的语句块,否则执行选择结构之外的下一条语句。

【设计步骤】

1. 界面设计

该程序界面比较简单,在窗体上添加 1 个命令按钮即可。

2. 属性设置

在设计模式下属性窗口直接更改对象的属性,其属性值列表如表 3.1 所示。

表 3.1　实训 3.1.1 对象属性设置

对象名	属性名	属性值
Form1	Caption	找最大值
Command1	Caption	查找

3. 代码编写

单击"查找"命令按钮时,首先输入 3 个数并存储在 a,b,c 变量中,然后再查找其中最大的值存储在 max 变量中,最后将其输出。这些功能的实现都在一个事件过程中,即命令按钮的 Click 事件过程。其代码如下:

```
Private Sub Command1_Click()
    Dim a As Integer, b As Integer, c As Integer
    Dim max As Integer
    a = Val(InputBox("请输入一个数据:"))
    b = Val(InputBox("请输入一个数据:"))
    c = Val(InputBox("请输入一个数据:"))
    max = a                      '假定 a 为最大值
    If max < b Then              '与 b 比较
        max = b                  'max 存储较大值
    End If
    If max < c Then              '与 c 比较
        max = c                  'max 存储较大值
    End If
    Print "输入的三个数据分别是:"
    Print a, b, c
    Print "其中最大值是:"; max
End Sub
```

4. 调试程序

将应用程序中的工程文件和窗体文件保存在同一个文件夹中。运行程序，单击"查找"命令按钮，弹出输入对话框，输入 3 个数据之后观察程序运行结果。

实训 3.1.2 设计一个应用程序，实现按钮的交替功能，其运行效果如图 3.2 所示，具体要求如下。

（1）单击"显示"命令按钮时，将文本框显示出来，并且按钮的文本标题改变成"隐藏"。
（2）单击"隐藏"命令按钮时，文本框隐藏起来，并且按钮的文本标题恢复成"显示"。
（3）如此反复，实现按钮的交替功能。

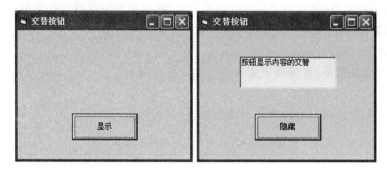

图 3.2 "交替按钮"运行效果

【问题分析】

（1）文本框的显示或隐藏，使用它的 Visible 属性设置。
（2）命令按钮的文本标题，使用 Caption 属性设置。
（3）命令按钮的文本标题内容要使用选择结构来进行判断，根据内容判断结果，来执行不同的操作，产生题目要求的结果。

该程序使用 If…Then…Else 结构，即双分支结构，其语句格式也有两种。

①单行结构格式：

    If ＜条件＞ Then 语句块 1 Else 语句块 2

②块结构格式：

    If ＜条件＞ Then
        语句块 1
    Else
        语句块 2
    End If

功能：首先测试条件，如果条件成立，执行 Then 后面的语句块 1；如果条件不成立，执行 Else 后面的语句块 2。执行完 Then 或 Else 后面的语句后，跳出选择结构，去执行下一条语句。

【设计步骤】

1. 界面设计

建立应用程序，在窗体上添加 1 个命令按钮和 1 个文本框，如图 3.2 所示。

2. 属性设置

界面设计好之后,对象的初始属性需要更改,直接在属性窗口设置,对象属性的设置值如表 3.2 所示。

表 3.2 实训 3.1.2 对象属性设置

对象名	属性名	属性值
Form1	Caption	交替按钮
Command1	Caption	显示
Text1	Text	按钮显示内容的交替
	Visible	False

3. 代码编写

单击命令按钮时触发 Click 事件过程,完成题目要求的功能,代码如下:

```
Private Sub Command1_Click()
    If Command1.Caption = "显示" Then
        Text1.Visible = True
        Command1.Caption = "隐藏"
    Else
        Text1.Visible = False
        Command1.Caption = "显示"
    End If
End Sub
```

4. 调试运行

保存应用程序中所有文件,运行程序,单击命令按钮,观察其结果的变化。

实训 3.1.3 输入 1 个字符,判断其是数字、字母、还是其他字符?运行效果如图 3.3 所示。在第 1 个文本框输入 1 个 ASCII 码字符,单击"判断"命令按钮,判断它是数字、字母,还是其他字符,将结果显示在第 2 个文本框。

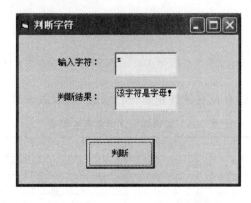

图 3.3 "判断字符"运行效果

【问题分析】

(1)将文本框输入的字符存储到变量 s 里。

(2)对 s 进行判断。如果 s 是"0"~"9"之间的字符,判断结果为"该字符是数字!";如果 s 是小写或大写英文字母,判断结果是"该字符是字母!";否则,判断结果是"其他字符!"。介于两者之间的条件写成两个关系表达式的与操作,如 s >= "0" And s <= "9",代表的就是"0"~"9"之间的字符。

(3)将结果输出在第 2 个文本框中。

(4)判断过程中通过条件设定,可能出现 3 种情况,这就要用到多分支结构,而多分支结构可以用两种语句实现。

① If…Then…ElseIf 语句格式:

    If <条件 1> **Then**
        语句块 1
    ElseIf <条件 2> **Then**
        语句块 2
        ⋮
    Else
        语句块 n
    End If

② Select…Case 语句格式:

    Select Case〈测试表达式〉
        Case〈表达式表列 1〉
            〈语句块 1〉
        [**Case**〈表达式表列 2〉
            〈语句块 2〉]
        ⋮
        [**Case Else**
            〈语句块 n〉]
    End Select

功能:根据条件判断,选择条件满足的分支语句块。

【设计步骤】

1. 界面设计

创建应用程序,在窗体上添加 2 个标签、2 个文本框和 1 个命令按钮,如图 3.3 所示。

2. 属性设置

设置窗体和控件的属性,直接在属性窗口进行设置,对象属性的设置值如表 3.3 所示。

表 3.3 实训 3.1.3 对象属性设置

对象名	属性名	属性值	对象名	属性名	属性值
Form1	Caption	判断字符	Text1	Text	空
Label1	Caption	输入字符:	Text2	Text	空
Label2	Caption	判断结果:	Command1	Caption	判断

3. 编写事件过程代码

触发命令按钮的 Click 事件,代码如下:

```
Private Sub Command1_Click()
    Dim s As String, t As String
    s = Text1.Text
    If s >= "0" And s <= "9" Then
        t = "该字符是数字!"
    ElseIf (s >= "A" And s <= "Z") Or (s >= "a" And s <= "z") Then
        t = "该字符是字母!"
    Else
        t = "其他字符!"
    End If
    Text2.Text = t
End Sub
```

4. 调试运行

保存应用程序的所有文件,运行程序,先输入一个字符,然后单击"判断"命令按钮,查看程序运行结果。

实训3.1.4 设计一个应用程序用来进行密码验证,程序运行效果如图3.4所示,具体要求如下。

(1)用户输入密码,如果输入密码错误,在窗体上显示"密码错误,请再重新输入!",如图3.4(a)所示。

(2)如果输入密码正确(假定密码为"abc"),则弹出一个窗体,如图3.4(b)所示,显示文字信息,单击"关闭"命令按钮,结束程序。

(3)用户只有3次输入密码的机会,如果3次都是错误的,那么文本框变为无效,不能再输入,而且窗体上显示"3次输入密码错误,禁止再次输入!"。

(a) 验证密码错误

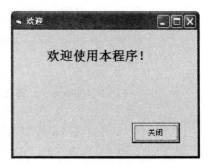
(b) 验证密码正确

图3.4 "验证密码"运行效果

【问题分析】

(1)第1个窗体进行密码验证。用户输入密码,首先判断密码是否正确,如果正确,显示下一个窗体。

(2)如果密码不正确,用一个静态变量 i 来记录不正确的次数,使用语句"i=i+1"。

(3)如果 $i<3$,允许用户重新输入;否则,禁止输入密码,并使文本框为不可用。

(4)该程序在判断密码不正确的情况下,还要接着判断错误密码输入的次数,所以必须使用选择结构的嵌套来完成此项功能。既可以在 Then 子句中嵌套 If 结构,也可以在 Else 子句中嵌套 If 结构,这时最好使用块结构实现。

【设计步骤】

1. 界面设计

创建应用程序,添加两个窗体 Form1 和 Form2。在 Form1 上添加 2 个标签、1 个文本框和 1 个命令按钮,在 Form2 上添加 1 个标签和 1 个命令按钮,如图 3.4 所示。

2. 属性设置

在属性窗口设置每个窗体上的对象的属性,其值如表 3.4 所示。

表 3.4 实训 3.1.4 对象属性设置

	对象名	属性名	属性值		对象名	属性名	属性值
第1个窗体	Form1	Caption	验证密码	第2个窗体	Form2	Caption	欢迎
	Label1	Caption	请输入密码:		Label1	Caption	欢迎使用本程序!
	Label2	Caption	空			FontSize	三号
	Text1	PasswordChar	*			FontBold	True
		Text	空		Command1	Caption	关闭
	Command1	Caption	验证				

3. 代码编写

(1) 在第 1 个窗体上,触发命令按钮的 Click 事件,进行密码验证,其代码如下:

```
Private Sub Command1_Click()
    Static i As Integer
    If Text1.Text = "abc" Then        '密码判断
        Unload Me
        Form2.Show
    Else
        i = i + 1
        If i < 3 Then                 '输入密码次数判断
            Label2.Caption = "密码错误,请再重新输入!"
        Else
            Label2.Caption = "3 次输入密码错误,禁止再次输入!"
            Text1.Enabled = False
        End If
    End If
End Sub
```

(2) 在第 2 个窗体上,触发命令按钮的 Click 事件,将程序结束,代码如下:

```
Private Sub Command1_Click()
    End
End Sub
```

4. 调试运行

保存应用程序中的所有文件,运行程序,分别输入正确的密码和错误的密码,进行验证,观察两种情况下程序的运行结果。

三、实践提高

实训3.1.5 创建一个输入个人信息的应用程序,并按要求校验数据合法性,其程序运行效果如图3.5所示。

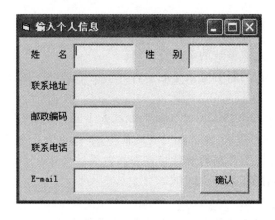

图3.5 "输入个人信息"运行效果

【任务目标】

(1)创建应用程序,在窗体上添加需要的控件,并对其进行初始属性的设置,如图3.5所示。

(2)首先,必须保证"姓名"和"联系电话"不能为空,当文本框失去焦点时进行判断,如果文本框是空的,使用消息框提示"不能为空",将焦点再次放置在文本框中,输入信息。

(3)信息输入完毕后,单击"确认"命令按钮,还要进一步验证信息合法性。具体要求:性别只能输入"男"或"女";邮政编码必须是6位的数字;电话号码必须是大于7位小于11位的数字;E-mail中必须包含"@"字符。如果输入的信息不合法,给出消息框提示信息,并重新输入;如果输入的信息都是符合要求的,弹出"您的个人信息输入完毕,谢谢合作!"消息框,并结束程序。

【任务分析】

(1)文本框失去焦点触发LostFocus事件,所以文本框不能为空的提示在该事件中处理。

(2)消息框使用MsgBox语句即可。

(3)判断字符串长度使用Len函数,是否是数字使用IsNumeric函数。

(4)字符串查找使用Instr(s1,s2)函数,从s1第1个字符开始查找s2字符,如果找到返回其所在位置,否则返回"0"。

四、问题思考

(1)在实训3.1.1中,找最大值也可以使用单行If…Then结构实现,试修改代码。如果将程序改为对3个数进行排序,又将如何实现代码的编写?

(2)实训 3.1.2 中的 If…Then…Else 可以使用单行结构吗?分析单行结构和块结构的差别。

(3)在实训 3.1.3 中,判断字符的条件表达式用的是字符直接判断,如果将其改为利用 ASCII 码值进行判断,该条件表达式如何修改?能否将语句结构改成 Select…Case 语句?

(4)在实训 3.1.4 中,选择嵌套是在 Else 子句中实现的,能否将其改成在 Then 子句中的嵌套结构,如何修改?还有没有其他验证密码的方法?

五、实训练习

(1)输入一个整数,判定该整数的奇偶性。

(2)在文本框输入年份,判断对应该年的生肖并输出结果,运行效果如图 3.6 所示。

提示:

选定一个鼠年的年份,如 1960,将输入的年份减去 1960 再与 12 求余数。如果余数大于等于 0,直接判断就可以得到结果,即余数为 0 是鼠年,余数为 1 是牛年……依次类推;如果余数小于 0,还要再将其加上 12,得到的新数据再去判断得到生肖结果。

(3)输入一个年份,判断其是否为闰年。

提示:

闰年就是能被 4 整除但不能被 100 整除的年份,或者能被 400 整除的年份也是闰年。

(4)创建应用程序,实现"健康秤"的设计,运行效果如图 3.7 所示,具体要求如下。

①窗体的标题为"健康秤",固定边框。

②窗体上两个文本框,分别用于输入身高、体重。将两个文本框文字对齐方式均设置为右对齐,最多接收 3 个字符。两个文本框均不接收非数字键。

③单击"健康状况"命令按钮(Command1),根据计算公式将相应的提示信息显示在标签控件中。

计算公式为"标准体重=身高-105"。体重高于"标准体重×1.1"为偏胖,提示"偏胖,注意节食";体重低于"标准体重×0.9"为偏瘦,提示"偏瘦,增加营养";其他为正常,提示"正常,继续保持"。

提示:

判断字符是否为数字键使用 IsNumeric 函数实现。

利用 If…Then…ElseIf 多分支结构实现健康状况的判断。

图 3.6 "判断生肖"运行效果

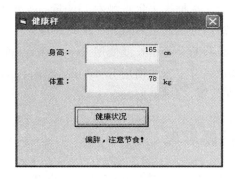

图 3.7 "健康秤"运行效果

(5)商场根据售货员的商品销售额来计算奖金数额,其规定如下。
①如果销售额达到 20 000 元以上,则提取 10% 作为奖励。
②如果销售额达到 15 000 元以上,而少于 20 000 元,则提取 8% 作为奖励。
③如果销售额达到 10 000 元以上,而少于 15 000 元,则提取 6% 作为奖励。
④如果销售额少于 10 000 元,则提取 3% 作为奖励。
编写程序,实现输入销售额自动计算出售货员的奖金数额。

实训 3.2 选择型控件的使用

一、实训目的

(1)掌握形状控件的重要属性、事件和方法及一般应用。
(2)掌握选择型控件的重要属性、事件和方法及一般应用。

二、实训内容

实训 3.2.1 设计一个用单选按钮控件改变形状控件的形状的程序,运行效果如图 3.8 所示。单击不同的单选按钮,形状控件的形状随之改变。

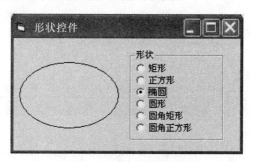

图 3.8 "形状控件"运行效果

【问题分析】
(1)形状控件最重要的属性就是 Shape,通过改变 Shape 属性的值可以显示为矩形、正方形、椭圆、圆形、圆角矩形、圆角正方形 6 种形状。
(2)对单选按钮单击即意味着选中。对于本题来说,因为每一个单选按钮的功能相似,所以可以用控件数组来实现,根据 Index 值来确定是哪一个单选按钮被选中。

【设计步骤】
1. 界面设计
根据题目要求,设计界面。在窗体上放置 1 个形状控件、1 个框架 Frame 控件及 1 个单选按钮的控件数组,如图 3.8 所示。

2. 属性设置
属性设置如表 3.5 所示。

表 3.5 实训 3.2.1 对象属性设置

控件名	属性名	属性值
Form1	Caption	形状示例
Shape1	BackStyle	1-Opaque
	BackColor	RGB(255,255,0)
Option1(0)	Caption	矩形
Option1(1)	Caption	正方形
Option1(2)	Caption	椭圆
Option1(3)	Caption	圆形
Option1(4)	Caption	圆角矩形
Option1(5)	Caption	圆角正方形
Frame1	Caption	形状

3. 代码编写

在代码窗口,编写如下代码:

```
Private Sub Option1_Click(Index As Integer)
    Shape1.Shape = Index
End Sub
```

4. 调试运行

运行程序,单击各个单选按钮,观察形状控件的形状变化。

实训 3.2.2 设计一个用复选框按钮控件订购比萨的程序,运行效果如图 3.9 所示。选择要在比萨里添加的一项或多项内容,单击"订购比萨"命令按钮订购比萨。

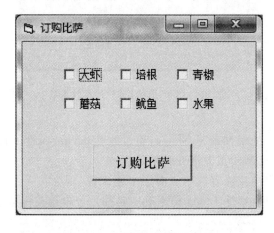

图 3.9 "订购比萨"运行效果

【问题分析】

(1)对复选框按钮单击即意味着选中。对于本题来说,因为每一个复选框按钮的功能相似,所以可以用控件数组来实现,根据 Index 值来确定是哪一个复选框按钮被选中。

(2)由于要选择多个内容,要将选择的选项连接起来进行显示。

【设计步骤】

1. 界面设计

根据题目要求,设计界面。在窗体上放置1个按钮和1个复选框按钮的控件数组,如图3.9所示。

2. 属性设置

属性设置如表3.6所示。

表 3.6 实训 3.2.2 对象属性设置

控件名	属性名	属性值
Command1	Caption	订购比萨
Check1(0)	Caption	大虾
Check1(1)	Caption	蘑菇
Check1(2)	Caption	培根
Check1(3)	Caption	鱿鱼
Check1(4)	Caption	青椒
Check1(5)	Caption	水果

3. 代码编写

在代码窗口,编写如下代码:

```
Dim s As String                          '保存所有选项的内容
Private Sub Check1_Click(Index As Integer)
    s = s & Check1(Index).Caption & " "
End Sub
Private Sub Command1_Click()
    MsgBox "您订购的比萨里有:" & s, , "订购比萨"
End Sub
```

4. 调试运行

运行程序,选择一项或多项内容,单击命令按钮显示选择的内容。

三、实践提高

实训 3.2.3 设计一个"个人阅读情况调查"程序,通过选择性别、职业和喜欢的书籍类型,将基本阅读情况显示在文本框中,运行结果如图 3.10 所示。

【任务目标】

(1)通过单选框选择性别、职业,通过复选框选择喜欢的书籍种类。

(2)随着对性别、职业和书籍种类的选择,能相应地在文本框中即时显示。

【任务分析】

(1)在性别、职业、所喜欢的书籍种类中,通过触发相应的单选和复选控件的单击(Click)事件,实现对各控件 Caption 属性的选中。

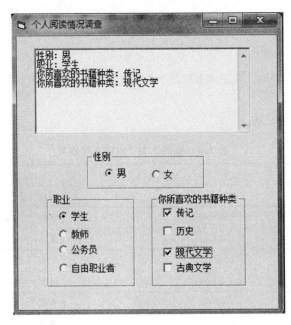

图 3.10 "个人阅读情况调查"运行效果

（2）将单选和复选控件的 Caption 属性值赋给文本框控件的 Text 属性，实现对个人阅读情况的即时显示。

四、问题思考

在实训 3.2.2 中，如果供选项都不能满足顾客的需求，顾客希望能自己提出订购要求，即系统应能提供自定义比萨功能，程序该如何改进？

五、实训练习

（1）设计一个程序，用户界面由 4 个单选按钮、1 个标签控件和 1 个命令按钮组成，程序开始运行后，用户单击某个单选按钮，就可以将它对应的内容（星期、日期、月份或年份）显示在标签中，程序运行效果如图 3.11 所示。

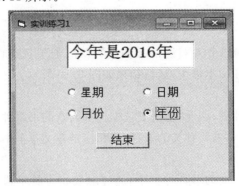

图 3.11 "实训练习 1"运行效果

(2)制作以下界面,如图 3.12 所示。

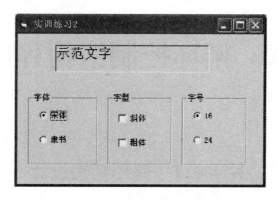

图 3.12 "实训练习 2"运行效果

第 4 章 循环控制结构程序设计

实训 4.1 循环结构设计

一、实训目的

(1) 掌握循环结构设计的特点。
(2) 掌握 Do 循环结构设计方法。
(3) 掌握 For 循环结构设计方法。
(4) 掌握 While 循环结构设计方法。
(5) 掌握多重循环结构设计方法。

二、实训内容

实训 4.1.1 找出 500 以内能被 5 整除且能被 7 整除的所有数,显示并计算这些数的累加和。程序运行效果如图 4.1 所示。

图 4.1 "求累加和"运行效果

【问题分析】

(1) 找 500 以内符合条件的数,设定 i 从 1 开始逐一变化到 500,判断每一个 i 是否符合条件要求,使用 Do 循环来实现这一过程。当 i 超出 500 时,停止循环的执行。

(2) 判断一个数能否被另一个数整除,使用求余运算 Mod。如果余数为 0,说明能够整除;否则,不能整除。

(3) 如果当前的 i 能被 5 和 7 整除,将其显示在图片框中,并累加到变量 s 中。

(4) 循环结束时,将累加和 s 输出在标签中。

(5) Do 循环结构有两种语法格式:前测试循环结构和后测试循环结构。

① 前测试 Do 循环结构:

  Do｛**While**｜**Until**｝〈条件〉
   〈循环体〉
   ［**Exit Do**］
  Loop

② 后测试 Do 循环结构:

  Do
   〈循环体〉
   ［**Exit Do**］
  Loop｛**While**｜**Until**｝〈条件〉

【设计步骤】

1. 界面设计

创建应用程序,在窗体上添加 3 个标签、1 个图片框和 1 个命令按钮,其布局如图 4.1 所示。

2. 属性设置

在属性窗口设置每个对象的相关属性,其属性值设置如表 4.1 所示。

表 4.1 实训 4.1.1 对象属性设置

对象名	属性名	属性值	对象名	属性名	属性值
Form1	Caption	求累加和	Label3	Caption	空
Label1	Caption	500 以内能被 5 整除且能被 7 整除的所有数:	Label3	BorderStyle	1-Fixed Single
Label2	Caption	所有数的累加和:	Command1	Caption	显示并计算

3. 编写事件过程代码

单击命令按钮时显示并计算,触发 Command1_Click() 事件。代码如下:

```
Private Sub Command1_Click()
    Dim i As Integer, s As Integer
    Do Until i >500                          'i 为 500 以内的数
        i = i + 1                            'i 逐一增加
        If i Mod 5 = 0 And i Mod 7 = 0 Then  '能被 5 整除且能被 7 整除
            Picture1. Print i                '在图片框显示
            s = s + i                        '累加和
        End If
    Loop
    Label3. Caption = s
End Sub
```

4. 保存和运行程序

保存工程和窗体文件,运行程序,单击"显示并计算"命令按钮,结果在控件中显示,如图 4.1 所示。

实训 4.1.2 求 Fibonacci(斐波那契)数列 1,1,2,3,5,8,…的前 20 项。这是一个整数数列,其变化规律是:某项数等于其前面两项数的和。将其输出在窗体上,程序运行效果如图 4.2 所示。

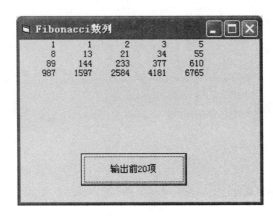

图 4.2 "Fibonacci 数列"运行效果

【问题分析】

(1)已知数列的前两项,从第 3 项开始,每个数都是其前两个数之和,这是一个典型的递推问题,即若想求第 N 个数,必须先知道第 N−1 个数和第 N−2 个数。这就需要利用循环结构,从已知的数开始,循环计算,逐个求出每一项的值。

(2)设定 f1 和 f2 存放已知的前两个数,f3 存放第 3 个数,即 f3=f1+f2。为了计算下一个数,每次计算结束必须改变变量 f1 和 f2 的值,将其向后移动,使 f1=f2,f2=f3,然后再利用公式 f3=f1+f2 计算出新一项的值。如此循环,可得到数列的前 N 项。

(3)先将已知的前两项输出,在循环中每计算出一项的值就输出一项。输出时,限定了格式,使用"Format(f1, "@@@@@@@@")"函数,将输出项固定输出长度为 8 个字符。

(4)在窗体上控制每行输出 5 个,输出项用紧凑格式输出,然后使用"If i Mod 5 = 0 Then Print"语句控制换行。

(5)因为要输出的项数是固定值 20 项,所以使用 For 循环控制更简单。

(6)For 循环语法格式如下:

  For 〈循环变量〉=〈初值〉 **To** 〈终值〉[**Step**〈步长〉]
    〈循环体〉
    [**Exit For**]
  Next [〈循环变量〉]

【设计步骤】
1. 界面设计
创建应用程序,在窗体上添加 1 个命令按钮,其布局如图 4.2 所示。
2. 属性设置
只需设置命令按钮的 Caption 属性为"输出前 20 项",其他对象的属性默认即可。

3. 代码编写

单击命令按钮时计算并显示，触发 Command1_Click() 事件。代码如下：

```
Private Sub Command1_Click()
    Dim f1 As Integer, f2 As Integer, f3 As Integer
    f1 = 1
    f2 = 1
    Print Format(f1, "@@@@@@@@");           '输出第一项
    Print Format(f2, "@@@@@@@@");           '输出第二项
    For i = 3 To 20
        f3 = f1 + f2                        '该项等于前两项之和
        Print Format(f3, "@@@@@@@@");       '输出第 i 项
                                            '将输出项格式化为 8 个字符长度
        If i Mod 5 = 0 Then Print           '每行输出 5 个项
        f1 = f2
        f2 = f3
    Next i
End Sub
```

4. 调试运行

保存工程和窗体文件，运行程序，单击"输出前 20 项"命令按钮，结果在窗体中显示，如图 4.2 所示。

实训 4.1.3 求自然对数 e 的近似值，要求其误差小于 0.000 01，近似公式为
$$e = 1 + 1/1! + 1/2! + 1/3! + \cdots + 1/n!$$
运行效果如图 4.3 所示。

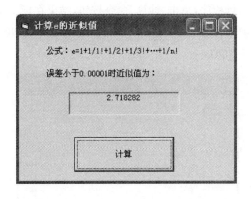

图 4.3 "计算 e 的近似值"运行效果

【问题分析】

(1) 要求自然对数 e 的近似值，根据所给公式可知，e 是 $1/n!$ ($n=0,1,2,\cdots$) 的和。

(2) 根据阶乘的性质可知，每一项都可以通过前一项获得，即第 n 项＝第 $n-1$ 项 $\times 1/n$，故可设置初始值 f=1（表示第 1 项），e=1（第 1 项的值直接赋值给 e）。

(3) 程序运行结束的条件是最后一项的值小于 0.000 01，无法判断共有多少项，故可使用 While 循环进行条件判定，当所计算项的值大于 0.000 01 时，则将其累加，并继续计算下一项。

(4)While 循环的语法格式如下：

  While ＜条件＞
    循环体
  Wend

【设计步骤】
1. 界面设计
创建应用程序，在窗体上添加 1 个命令按钮和 2 个标签，效果如图 4.3 所示。
2. 属性设置
属性参照图 4.3 自行设置即可。
3. 代码编写
单击命令按钮时计算并显示，触发 Command1_Click()事件。代码如下：

```
Private Sub Command1_Click()
    Dim n As Integer, f As Single, e As Single
    f = 1: e = 1                '初始值
    While f >= 0.00001          '误差小于 0.000 01
        n = n + 1
        f = f * 1 / n           'f 存放第 n 项的值
        e = e + f               'e 存放累加和
    Wend
    Label3.Caption = e
End Sub
```

4. 调试运行
保存工程和窗体文件，运行程序，单击"计算"命令按钮，结果在标签中显示，如图 4.3 所示。

实训 4.1.4　将 1 张 100 元钞票换成 1 元、2 元和 5 元钞票，每种至少 8 张，有多少种方案？程序运行效果如图 4.4 所示。

图 4.4 "换零钱"运行效果

【问题分析】
（1）此问题可以使用枚举法解决。题目中规定每种钞票至少 8 张，这样 100 元中就有(1×8＋2×8＋5×8)＝64 元已经确定，余下的 36 元可自由选择使用 1 元、2 元和 5 元钞票，故 1 元钞票最多可以使用 8+36/1=44 张,2 元钞票最多可以使用 8+36/2=26 张,5 元钞票最多可以使用 8+36/5=15 张。

(2)可用 3 个循环,分别控制 1 元、2 元和 5 元的循环次数,在每次循环中,判断所选钞票数计算之和是否等于 100,如是,则是一种方案,累加到相应变量中。

(3)由于问题的每次循环次数都能计算出来,故可以使用 for 循环的嵌套。

(4)循环嵌套的格式如下:

【设计步骤】

1. 界面设计

用户界面很简单,只有 1 个命令按钮,如图 4.4 所示。

2. 属性设置

只将命令按钮的 Caption 属性设置为"计算"即可。

3. 代码编写

单击"计算"命令按钮,触发 Command1_Click()单击事件。代码如下:

```
Private Sub Command1_Click()
    Dim i As Integer, j As Integer, k As Integer
    Dim count As Integer
    For i = 8 To 44
        For j = 8 To 26
            For k = 8 To 15
                If (i + j * 2 + k * 5 = 100) Then count = count + 1
            Next k
        Next j
    Next i
    Print
    Print "共有"; count; "种方案."
End Sub
```

4. 保存和运行程序

保存工程和窗体文件,运行程序,单击"计算"命令按钮,结果在窗体中显示,如图 4.4 所示。

实训 4.1.5 输出如图 4.5 所示图形。

【问题分析】

该图形需要输出 8 行,每行输出字符"0"的个数为行数的两倍,故可以使用双重循环,外循环控制行数,内循环控制每行输出字符的个数。

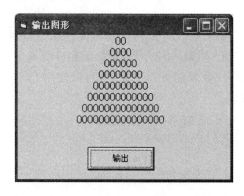

图 4.5 "输出图形"运行效果

【设计步骤】

首先建立用户界面,设置属性,然后编写"输出"命令按钮的单击事件代码,最后保存运行。代码如下:

```
Private Sub Command1_Click()
    For i = 1 To 8
        Print Tab(20 — i);
        For j = 1 To 2 * i
            Print "0";
        Next j
        Print
    Next i
End Sub
```

三、实践提高

实训 4.1.6　设计一个应用程序,输入一个字符串,将其中所有小写英文字母加密,其他字符不变。加密规则是:a 变成 z,b 变成 y,c 变成 x,……,z 变成 a。运行效果如图 4.6 所示。

图 4.6 "字符加密"运行效果

【任务目标】

程序运行时,输入明文,单击"加密"命令按钮,在"转换密文"文本框中显示出按转换规则转换的密文。

【任务分析】

(1)设明文 ASCII 码值是 x,密文 ASCII 码值是 y,则有"x－97＝122－y",所以密文转换公式为"y＝219－x"。

(2)输入的明文是一个字符串,需要逐个字符判断并转换,因此需要使用循环。

四、问题思考

(1)实训 4.1.1 中使用了 Do 循环结构,修改代码,如何分别使用其他几种语法格式来实现?注意其条件的变化。

(2)实训 4.1.2 中输出 Fibonacci(斐波那契)数列的前 20 项,若要输出任意项,应如何修改程序?

(3)实训 4.1.3 是使用 While 循环实现的,若改用 For 循环或者 Do 循环,代码应该如何修改呢?

(4)实训 4.1.4 只输出换零钱的方案数,试输出每种方案,即每种方案中 1 元、2 元、5 元各多少张?如果要兑换任意钱数的零钱,如 50 元、200 元等,兑换成 1 元、2 元、5 元、10 元等,程序又该如何修改呢?

五、实训练习

(1)求任意个数的阶乘累加和。$s=1!+2!+3!+\cdots+n!$,n 由用户输入。

(2)凡是满足 $x^2+y^2=z^2$ 的正整数组 (x,y,z) 就称为勾股数组,如(3,4,5)。找出任意正整数 n 以内的所有勾股数组,将其输出在窗体上。

(3)猴子吃桃问题。小猴子有若干桃子,第一天吃掉一半多一个;第二天吃掉剩下的一半多一个;……以此类推,到第七天只剩下一个桃子。问小猴子一开始共有多少个桃子?

实训 4.2　循环控件的使用

一、实训目的

(1)掌握滚动条控件、进度条控件的使用方法。

(2)掌握一些高级控件的应用。

二、实训内容

实训 4.2.1　设计一个用滚动条控件输入年、月、日,并计算出对应星期的程序,运行效果如图 4.7 所示。窗体中提供 3 个滚动条,第 1 个滚动条控制年份输入(年份的范围在 2000—3000 之间),第 2 个控制月份输入;第 3 个控制日期输入。通过滚动条输入的年、月、日将显示在其左边的文本框中。输入完成后,单击"确定"命令按钮,将在窗体下方显示"今天是星期×"的字样。

图 4.7 "使用滚动条输入日期"运行效果

【问题分析】

(1)滚动条可作为数据输入控件,其 Max、Min 属性用以确定滚动条的上限和下限,当单击滚动条的上、下箭头时改变滚动条的 Value 属性,且触发 Change 事件。滚动条有水平滚动条和垂直滚动条两种。

(2)将 3 个滚动条输入的年份、月份、日期显示于文本框中,并将其连接起来形成一个字符型变量。注意连接成日期的形式,如"2008-9-12"。

(3)当取得一个日期形式的字符串后,使用 CDate 函数将其转换为日期。通过日期求星期的函数是 WeekDay,该函数的返回值为整型。当返回值为"1"时,表示星期日;返回值为"2"时,表示星期一……以此类推。

【设计步骤】

1. 界面设计

根据题目要求,设计界面。在窗体上放置 3 个垂直滚动条、3 个文本框、4 个标签和 2 个命令按钮,如图 4.7 所示。

2. 属性设置

属性设置如表 4.2 所示。

表 4.2　实训 4.2.1 对象属性设置

控件名	属性名	属性值	控件名	属性名	属性值
Vscroll1	Max	2000	Label1	Caption	年
	Min	3000	Label2	Caption	月
Vscroll2	Max	1	Label3	Caption	日
	Min	12	Command1	Caption	确定
Vscroll3	Max	1	Command2	Caption	退出
	Min	31			

3. 代码编写

(1)滚动条 1~3 的 Change 事件代码如下:

```
Private Sub VScroll1_Change()                '年份
    Text1.Text = VScroll1.Value
End Sub
Private Sub VScroll2_Change()                '月份
    Text2.Text = VScroll2.Value
End Sub
Private Sub VScroll3_Change()                '日期
    Text3.Text = VScroll3.Value
End Sub
```

(2)"确定"命令按钮的 Click 事件代码如下:

```
Private Sub Command1_Click()
    Dim strd As String
    Dim sdate As Date
    strd = Text1.Text & "-" & Text2.Text & "-" & Text3.Text   '连接成日期形式的字符串
    sdate = CDate(strd)                                        '将该字符串转换为日期型
    Select Case Weekday(sdate)                                 '通过该日期求的星期几
        Case 1:
            weekis = "星期日"
        Case 2:
            weekis = "星期一"
        Case 3:
            weekis = "星期二"
        Case 4:
            weekis = "星期三"
        Case 5:
            weekis = "星期四"
        Case 6:
            weekis = "星期五"
        Case 7:
            weekis = "星期六"
    End Select
    Label4.Caption = Label4.Caption & weekis
End Sub
```

4. 调试运行

运行程序,单击滚动条,输入年、月、日,观察星期的输出。

实训 4.2.2 设计"图书订购单"应用程序,该程序分为 3 个选项卡。第 1 个选项卡中统计《计算机基础》教材的相关信息,包括册数、定价、折扣,并自动计算金额,如图 4.8(a)所示;第 2 个选项卡的功能与第 1 个相似,用来统计《VB 程序设计》教材的相关信息;第 3 个选项卡中将统计两种教材的总金额,如图 4.8(b)所示。

【问题分析】

(1)本程序用到的控件较多,为了实现清楚地划分各功能区,扩展空间,可使用 SSTab 控件。在 SSTab 控件中,任一时刻只有 1 个选项卡是活动的,这个选项卡向用户显示它本身所包含的控件并隐藏其他选项卡中的控件。SSTab 控件位于 MicroSoft Tabbed Dialog Control 6.0 部件中。

(2)折扣的输入采用 UpDown 控件,该控件位于 Microsoft Windows Common Control-2 6.0 部件中,它往往与其他控件"捆绑"在一起使用。如图 4.8 所示,将 UpDown 控件与代表"折扣"的文本框相关联,当用户单击向上或向下的箭头按钮时,文本框中的值相应地增加或减少。

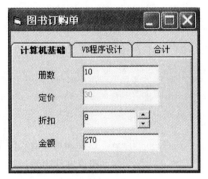
(a) "计算机基础"选项卡

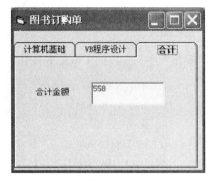
(b) "合计"选项卡

图 4.8 "图书订购单"运行效果

【设计步骤】

1. 界面设计

根据题目要求,设计界面。在窗体上添加 1 个 SSTab 控件,该控件中包含 3 个选项卡,并分别设置每个选项卡的标题为"计算机基础"、"VB 程序设计"、"合计"。在"计算机基础"、"VB 程序设计"选项卡中分别放置 4 个文本框、4 个标签和 1 个 UpDown 控件;在"合计"选项卡中放置 1 个文本框和 1 个标签。将"计算机基础"选项卡中的 UpDown 控件的合作者设定为 Text3,将"VB 程序设计"选项卡中的 UpDown 控件的合作者设定为 Text7。

2. 属性设置

属性设置如表 4.3 所示。

表 4.3 实训 4.2.2 对象属性设置

控件名	属性名	属性值	控件名	属性名	属性值
Label1	Caption	册数	Text2	Enabled	False
Label2	Caption	定价		Text	30
Label3	Caption	折扣	Text6	Text	32
Label4	Caption	金额		Enabled	False
Label5	Caption	册数	Updown1	Max	10
Label6	Caption	定价		Min	1
Label7	Caption	折扣	Updown2	Max	10
Label8	Caption	金额		Min	1
Label9	Caption	合计金额			

3. 代码编写

(1) 在"计算机基础"选项卡的 Text4(金额)控件的 GotFocus 事件中编写如下代码：

    Private Sub Text4_GotFocus()
        Text4.Text = Text1.Text * Text2.Text * Text3.Text / 10
    End Sub

(2) 在"VB 程序设计"选项卡的 Text8(金额)控件的 GotFocus 事件中编写如下代码：

    Private Sub Text8_GotFocus()
        Text8.Text = Text5.Text * Text6.Text * Text7.Text / 10
    End Sub

(3) 在"合计"选项卡的 GotFocus 事件中编写如下代码：

    Private Sub SSTab1_GotFocus()
        If Text8.Text <> "" Or Text4.Text <> "" Then
            Text9.Text = Val(Text8.Text) + Val(Text4.Text)
        End If
    End Sub

4. 调试运行

运行程序，输入册数，调整折扣，观察程序运行情况。

实训 4.2.3 设计一个用进度条表示"文件复制进度"的应用程序，实时显示复制进度，复制完毕显示提示信息，运行效果如图 4.9 所示。

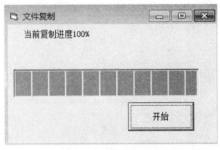
(a) "文件复制进度"运行效果

(b) "文件复制完毕"运行效果

图 4.9 "文件复制"运行效果

【问题分析】

通常对一个长时间执行的任务，如果不给以用户友好提示，会造成用户误解而以为是程序出问题。对这样的情况一般是用进度条控件(ProgressBar)来进行友好提示。ProgressBar 控件位于 Microsoft Windows Common Controls 6.0 部件中。

(1) 进度条可以有水平进度条、垂直进度条、圆形进度条等。

(2) ProgressBar 控件经常需要和时钟控件(Timer)进行搭配使用。

【设计步骤】

1. 界面设计

根据题目要求，设计界面。在窗体上放置 1 个 ProgressBar 控件、1 个标签、1 个命令按钮和 1 个 Timer 控件,如图 4.9(a)所示。设置命令按钮的标题为"开始",标签的标题为"文件复制",设置 Timer 控件的 Interval 属性为 100。

2. 属性设置

属性设置如表 4.4 所示。

表 4.4 实训 4.2.3 对象属性设置

控件名	属性名	属性值	控件名	属性名	属性值
Timer	Interval	100	Label1	Caption	文件复制
			Command1	Caption	开始

3. 代码编写

```
Private Sub Timer1_Timer()
    If ProgressBar1.Value = ProgressBar1.Max Then
        Timer1.Enabled = False
        MsgBox "复制完毕"
    Else
        ProgressBar1.Value = ProgressBar1.Value + 1
    End If
    If ProgressBar1.Value = 20 Then
    Label1.Caption = "当前复制进度 20%"
    Else
    If ProgressBar1.Value = 40 Then
    Label1.Caption = "当前复制进度 40%"
    Else
    If ProgressBar1.Value = 60 Then
    Label1.Caption = "当前复制进度 60%"
    Else
    If ProgressBar1.Value = 80 Then
    Label1.Caption = "当前复制进度 80%"
    Else
    If ProgressBar1.Value = 100 Then
    Label1.Caption = "当前复制进度 100%"
    End If
    End If
    End If
    End If
    End If
End Sub
```

4. 调试运行

运行程序,单击"开始"命令按钮,就会输出文件复制的进度显示。

三、实践提高

实训 4.2.3 编写一个"利率计算"应用程序,当通过滚动条改变本金、月份或年利率时,能立即计算出利息及本息合计的值,运行效果如图 4.10 所示,具体要求如下。

(1)本金、月份、年利率不允许直接输入,全部通过相应的滚动条获得。
(2)随着年利率、月份、本金的变化,"利息"及"利息+本金"可自动显示。
(3)年利率最大不超过 30%。

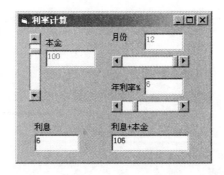

图 4.10 "利率计算"运行效果

提示:利息+本金=本金×(1+(年利率/100)×(月份数/12))

【任务目标】
(1)拖动滚动条,其值在对应的"本金"、"月份"、"年利率"文本框中自动显示。
(2)随着本金、月份、年利率的调整,"利息"及"利息+本金"能即时显示。

【任务分析】
(1)在本金、月份、年利率对应的滚动条的 Change 事件中,将滚动条的 Value 属性赋予对应的文本框。
(2)在每一个滚动条的 Change 事件中加入计算利息的程序,这样"利息"及"利息+本金"也可以即时显示。
(3)注意设置每个滚动条的 Max、Min 以及 LargeChange、SmallChange 等属性。

四、问题思考

(1)对于实训 4.2.1,通过滚动条输入日期的范围为 1~31,而有的月份,如 8 月只有 30 天,2 月则有 28 天或 29 天,如何修改程序使之满足输入不会超出实际天数?
(2)将实训 4.2.2 中用到的 Updown 控件更改为 Slider 控件,程序要进行怎样的改动?

五、实训练习

编写一个能够对窗体从上到下填充颜色的程序。首先通过 UpDown 控件设置需要对窗体填充何种颜色；使用 Slider 控件设置填充速度；填充进度条则显示当前填充的状态。当整个窗体被填充完成时，显示信息框"填充完毕"。运行效果如图 4.11 所示。

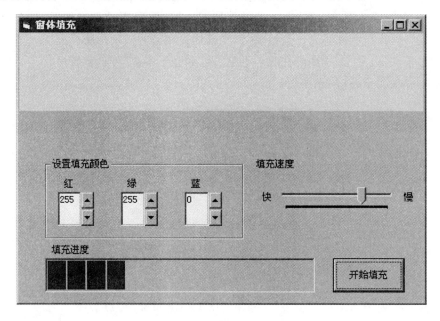

图 4.11 "窗体填充"运行效果

第 5 章 数组及其应用

实训 5.1 数组的使用

一、实训目的

(1) 掌握数组的声明、数组元素的引用。
(2) 掌握静态数组和动态数组的使用差别。
(3) 掌握与数组有关的常用算法。

二、实训内容

实训 5.1.1 随机产生 20 个学生的某科目成绩，要求统计各分数段的人数，即 0～59，60～69，70～79，80～89，90～100 的人数，并显示每个人的成绩及各分数段人数，运行效果如图 5.1 所示。

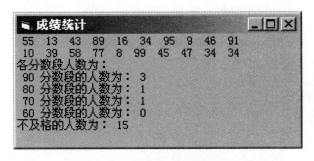

图 5.1 "成绩统计"运行效果

【问题分析】

(1) 20 个学生的成绩可以放在一个包含 20 个数组元素的数组中，数组必须先定义后使用。定义数组的语句为：

　　Dim 数组名[下标] [**As** 类型]

注意：Visual Basic 6.0 的数组下标下界默认从"0"开始。

本实例中除了定义一个成绩数组 score 外，还可以将 5 个分数段的人数也定义为一个数组 count，这样可以避免定义大量的变量。

（2）20 个学生成绩的初始化可以使用 Rnd 函数。另外，为了避免每次运行时初始化出现的成绩都是一样的，可在程序中添加 Randomize 语句。

（3）初始化 20 个学生成绩的过程可以采用循环，数组的特性决定了它可以很好地与 For…Next 循环结合使用。

（4）对成绩分类统计结果可存放于数组 count(5 To 9)，之所以将 count 数组的下标定义为 5～9，是为了确定分数与 count 数组元素的下标关系，若分数为 score(i)，则分数与 count 数组的下标关系为：

```
j = score(i) \ 10
Select Case j
    Case 0 To 5
        count(5) = count(5) + 1
    Case 9 To 10
        count(9) = count(9) + 1
    Case 6 To 8
        count(j) = count(j) + 1
End Select
```

【设计步骤】

1. 代码编写

新建窗体，并在窗体的 Click 事件中编写如下代码：

```
Option Base 1
Private Sub Form_Click()
    Randomize
    Dim score(20) As Integer
    Dim count(5 To 9) As Integer
    '初始化 20 个学生的成绩，每初始化一个便进行统计。
    For i = 1 To 20
        score(i) = Int(Rnd() * 100 + 1)
        j = score(i) \ 10
        Select Case j
            Case 0 To 5
                count(5) = count(5) + 1
            Case 9 To 10
                count(9) = count(9) + 1
            Case 6 To 8
                count(j) = count(j) + 1
        End Select
    Next
    '输出 20 个学生的成绩
    For i = 1 To 20
        Print score(i);
```

```
                If i = 10 Then Print
            Next
            Print
            '输出各段人数
            Print "各分数段人数为:"
                For i = 9 To 5 Step -1
                    If i = 5 Then
                        Print "不及格的人数为:"; count(i)
                    Else
                        Print i * 10; "分数段的人数为:"; count(i)
                    End If
                Next
            End Sub
```

2. 调试运行

运行程序,单击窗体,观察程序运行情况。

实训 5.1.2 随机产生 15 个 A~Z(包括 A 和 Z)之间的不重复的大写字母,放入数组中并输出,运行效果如图 5.2 所示。

【问题分析】

(1)要产生 A~Z 的字母,可通过调用函数 Chr、Int 、Rnd 及找出字母对应的 ASCII 码值的关系获得,即 c = Chr(Int(Rnd * 26 + 65))。

(2)为了不产生重复的字母,每产生一个,在数组中查找已产生的字母,若找到,则刚产生的字母作废,重新产生;若找不到,则产生的字母放入数组中,下标加 1。

图 5.2 "随机字母生成"运行效果

【设计步骤】

1. 代码编写

新建窗体,并在窗体的 Click 事件中添加代码,最后保存运行。假定刚产生的字母存放在变量 c 中,已产生的 n 个不重复的字母存放在 str 字符数组中,代码如下:

```
Private Sub Form_Click()
    Dim str(1 To 15) As String
    Dim n, j, i As Integer
    Dim found As Boolean            'found 为查找的标志
    str(1) = Chr(Int(Rnd * 26 + 65))
    n = 2
    Do While n <= 15
        c = Chr(Int(Rnd * 26 + 65))
```

```
            found = False
            For j = 1 To n - 1            '在前 n-1 个元素中查找是否有相同的
                If str(j) = c Then found = True
            Next j
            If Not found Then              '没有找到重复的则将该字符放于数组中
                str(n) = c
                n = n + 1
            End If
        Loop
        For i = 1 To 15
            Print Spc(2); str(i);
        Next
    End Sub
```

2. 调试运行

运行程序，单击窗体，观察程序运行情况。

实训 5.1.3 输入整数 n，显示具有 n 行的杨辉三角形。图 5.3 是一个具有 9 行的杨辉三角。

【问题分析】

(1) 定义一个二维数组，其中上三角各元素均为 0，下三角各元素的规律为：第 1 列及对角线上的元素均为 1，其余每一个元素正好等于它上面一行的同一列和前一列的两个元素之和，即 $a(i,j)=a(i-1,j-1)+a(i-1,j)$。

(2) 因为要输出的行数不确定，所以可将该二维数组定义为动态数组，当行数 n 确定后，使用 Redim 语句重新定义数组。

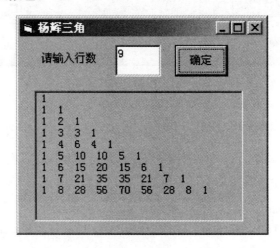

图 5.3 "杨辉三角"运行效果

【设计步骤】

1. 界面设计

根据题目要求，设计界面。在窗体上放置 1 个标签控件、1 个文本框、1 个大小合适的 PictureBox 控件和 1 个命令按钮，如图 5.3 所示。

2. 属性设置

属性设置如表 5.1 所示。

表 5.1　实训 5.1.3 对象属性设置

控件名称	Name 属性	Caption 属性
标签	Label1	请输入行数
命令按钮	Command1	确定

3. 代码编写

在命令按钮 Command1 的 Click 事件中添加如下代码：

```
Private Sub Command1_Click()
    Dim a() As Integer
    Dim n, i, j, m As Integer
    n = Text1.Text
    ReDim a(n, n)
    For i = 0 To n - 1
        For j = 0 To n - 1
            a(i, 0) = 1                    '第一列所有元素为1
            If i = j Then a(i, j) = 1      '对角线元素为1
        Next j, i
    For i = 2 To n - 1
        m = i - 1
        For j = 1 To m
            a(i, j) = a(m, j - 1) + a(m, j)
        Next j, i
    For i = 0 To n - 1                     '输出杨辉三角
        For j = 0 To i
            Picture1.Print a(i, j);
        Next j
        Picture1.Print
    Next
End Sub
```

4. 调试运行

运行程序，在文本框中输入"9"，并单击"确定"命令按钮，观察运行结果。再分别输入数字"5"、"10"、"13"等观察结果，并思考。

实训 5.1.4　任意输入 N 个数到数组中，以 -999 表示输入结束，找出其中的最小数和最大数，并分别把它们放在第 1 个和最后 1 个元素的位置上，运行效果如图 5.4 所示。

【问题分析】

(1)这是一个动态数组的实例，因每次输入的数字个数未知，所以将存放数字的数组定义为动态数组，每输入一个新的数字都需要重新定义数组扩大存储空间，但要保证原来输入的数字不可丢失，所以在控制输入的循环中，反复用到 Redim 重新定义，同时要加 Preserve 参数。

(2)首先设第 1 个元素既是最大值也是最小值,每输入一个元素都要与当前的最大值和最小值进行比较,以找出最大值及最小值并记录其下标。

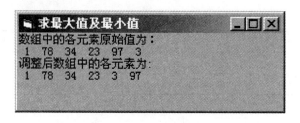

图 5.4 "求最大值及最小值"运行效果

【设计步骤】
1. 代码设计
(1)在通用窗口中设置数组的下标下界默认值为 1:

Option Base 1

(2)在窗体的 Click 事件中添加如下代码:

```
Private Sub Form_Click()
    Dim a() As Integer
    Dim n, i, max, min, pmax, pmin As Integer
    n = 0
    x = InputBox("请输入第一个元素的值:")        '首先输入第一个元素
    Do While x <> -999                           '当输入为-999 时结束
        n = n + 1
        ReDim Preserve a(n)                      '将新输入的放置于数组中,并保留以前的数据
        a(n) = x
        x = InputBox("请输入数组的第" & n + 1 & "个元素,以-999 结束")
    Loop
    Print "数组中的各元素原始值为:"
    For i = 1 To n
        Print a(i);
    Next
    Print
    pmax = 1: pmin = 1                           '寻找最大值及最小值
    max = a(1): min = a(1)
    For i = 2 To n
        If a(i) > max Then
            pmax = i
            max = a(i)
        End If
        If a(i) < min Then
            pmin = i
            min = a(i)
```

```
        End If
    Next
'将最大值及最小值放置于数组的第 1 及最后一个位置
    t = a(pmax):a(pmax) = a(n):a(n) = t
    t = a(pmin):a(pmin) = a(1):a(1) = t
'输出数组中各元素
    Print "调整后数组中的各元素为:"
    For i = 1 To n
        Print a(i);
    Next
End Sub
```

2. 调试运行

运行程序,单击窗体,在输入对话框中输入 5 个数字,以 -999 结束,观察结果。

实训 5.1.5 输入任意十进制数字,请转换为二进制形式并输出,程序运行效果如图 5.5 所示。

图 5.5 "十-二进制转换"效果图

【问题分析】

(1)十进制转换为二进制用的算法为除 2 取余法,求得的余数中最后得到的是高位,先求得的是低位。具体操作过程为:一个十进制数用变量 n 表示,除 2 后,取得余数和商,将余数存储于数组的第 1 个元素中,将得到的商重新赋给变量 n,判断该变量是否为 0,如果不是,则继续进行除 2 求余数及商的操作,把取得的余数存储于数组的第 2 个元素,同时每次将得到的商都赋给该变量 n,一直到该变量的值为 0 为止。

(2)循环结束,将可以得到该十进制数字的二进制形式,不过在这里要注意的问题是:因为不知道要转换的十进制数字的大小,所以可以将存储二进制的数组定义为动态数组。

(3)为了在文本框中输出该二进制,可以将其转换为字符串的形式。

【设计步骤】

1. 界面设计

根据题目要求,设计界面。在窗体上放置 2 个文本框、1 个命令按钮和 2 个标签,如图 5.5 所示。

2. 属性设置

属性设置如表 5.2 所示。

表 5.2　实训 5.1.5 对象属性设置

控件名称	Name 属性	Caption 属性
窗体	Form1	十-二进制转换
标签	Label1	请输入一个十进制数
	Label2	对应的二进制数为
命令按钮	Command1	转换

3. 代码编写

在命令按钮 Command1 的 Click 事件中编写如下代码：

```
Private Sub Command1_Click()
    Dim n As Integer
    Dim bin() As Integer
    Dim i, binl As Integer
    Dim bins As String              '以字符串形式存储最后求得的二进制
    i = 0
    n = Text1.Text                  '需要转换的十进制数
    Do While n <> 0
        x = n Mod 2                 '除于2,取余数
        y = n \ 2                   '除2,取商
        n = y                       '除2取得的商赋给n,以继续做除2取余数操作
        ReDim Preserve bin(i)
        bin(i) = x                  '取得的余数放于数组
        i = i + 1
    Loop
    binl = i - 1                    'binl 为数组中的上标
    For i = binl To 0 Step -1
        bins = bins & bin(i)
    Next
    Text2.Text = bins
End Sub
```

4. 调试运行

运行程序，在第 1 个文本框中输入 1 个十进制数字，单击"转换"命令按钮，观察第 2 个文本框中输出的二进制数字。

三、实践提高

实训 5.1.6　用随机数生成两个矩阵，范围在 0～100 之间，具体要求如下。

(1)将两个矩阵相加的结果放入 *C* 矩阵中。

(2)将 *A* 矩阵转置。

(3)求 *C* 矩阵中元素的最大值及其下标。

(4)将矩阵 A 的第 1 行与第 3 行交换位置,即第 1 行元素放到第 3 行,第 3 行元素放到第 1 行。

(5)求 A 矩阵两条对角线元素之和。

(6)将 A 矩阵按列的顺序把各元素放入一维数组 D 中,并显示结果。

【任务目标】

(1)单击"初始化矩阵 A"、"初始化矩阵 B"命令按钮,在按钮下方的图片框中输出一个 3×3 矩阵,每一个元素的范围在 0~100 之间。

(2)单击"矩阵相加"命令按钮时,将把矩阵 A 与矩阵 B 相加的结果(矩阵 C)输出在矩阵 C 显示区(也是一个图片框)。

(3)单击"矩阵 A 转置"命令按钮,则矩阵 A 转置的效果显示在下面的图片框中。同样,单击"C 矩阵的最大值及下标"命令按钮、"交换矩阵 A 一、三行位置"命令按钮、"求 A 矩阵对角线之和"命令按钮、"A 矩阵按列存放"命令按钮,其相应的结果都将显示在下面的图片框中。运行效果如图 5.6 所示。

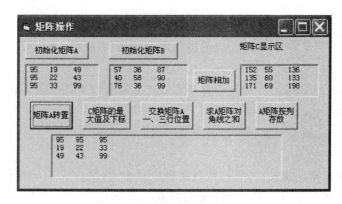

图 5.6 "矩阵操作"运行效果

【任务分析】

(1)产生随机数,只需使用 Rnd 函数即可,Int(Rnd()*100+1)。

(2)矩阵 A、矩阵 B、矩阵 C 的数据在本题中多处都将用到,所以需将 3 个二维数组定义为窗体级变量。

(3)矩阵相加只要对两个矩阵的对应位置的数字相加,即 $C(i,j)=A(i,j)+B(i,j)$。

(4)矩阵转置即某一矩阵 T,T 的第 i 行第 j 列元素是矩阵 A 的第 j 行第 i 列元素,即 $T(i,j)=A(j,i)$。

(5)矩阵有两个对角线,其中满足是主对角线元素的条件为"$i=j$";满足是副对角线元素的条件为"$i+j=2$"。

四、问题思考

(1)对于实训 5.1.3 中的杨辉三角,考虑一下,如何改动程序可以输出如图 5.7 所示的杨辉三角。

(2)对于实训 5.1.5,考虑如何改动程序,可以将该十进制数字转换为八进制、十六进制。

想一想,如果任意输入一个十六进制,将其转换为八进制、二进制,又如何转换? 请编程实现。

(3)对于实训 5.1.4 考虑一下:如果将寻找最大值及最小值的过程和输入结合起来,即边输入边判断大小。如何修改程序?

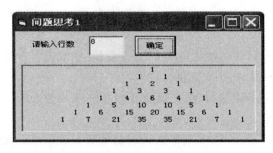

图 5.7 杨辉三角

五、实训练习

(1)随机产生 10 个递增的 100~400 的随机数,存放到数组中,并显示。

提示:

首先产生 1 个元素,随后产生的元素需要在已产生的数组中找出与其最近的元素,并比较大小,决定是否存放到数组中及其存放的位置。

(2)对已知数组 A,编写一个删除数组中某一元素的程序。

提示:

要删除数组,必须分 3 步完成,首先找到要删除的元素;然后从下一个元素到最后的元素一次往前移位;最后利用 Redim Preserve 语句将数组大小减 1。

实训 5.2　控件数组的使用

一、实训目的

(1)掌握控件数组的应用。
(2)掌握列表框、组合框的使用。

二、实训内容

实训 5.2.1　某电视节目中有抽取幸运现场观众的环节,即随机抽取一个座位号,坐在该座位上的观众即为幸运观众。请设计一个包含 1 000(座位号为 0~999)个座位的"抽取幸运观众"的应用程序。单击"开始"命令按钮,不断显示座位号,单击"停止"命令按钮,则此时停留在屏幕上的座位号即为幸运观众;单击"清除"命令按钮座位号归 0。程序运行效果如图5.8所示。

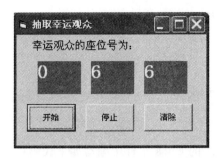

图5.8 "抽取幸运观众"运行效果

【问题分析】

(1)可以使用随机函数生成3个0~9之间的数字以形成座位号,所使用的表达式为"Int(Rnd() * 10)",将此表达式的值显示于图5.8所示的3个标签中。3个标签的功能相似,所以此处可将3个标签设置为控件数组。

(2)控件数组是由一组相同类型的控件组成。它们共用一个控件名,具有相同的属性,不同的下标(Index)。建立控件数组时,可以先画一个控件,设置其属性,再选中该控件后选择复制并粘贴,系统会提示"已有了命名的控件,是否要建立控件数组",单击"是"按钮后,就建立了一个控件数组元素。进行多次粘贴,即可建立了所需个数的控件数组元素。

(3)为了不断显示各座位号,可以使用时钟控件,每隔一段时间显示一组数字(座位号),单击"停止"命令按钮后,表示选取活动结束,时钟控件失效。

【设计步骤】

1. 界面设计

根据题目要求,设计界面。在窗体上放置1个标签控件,并复制该控件,执行两次"粘贴"操作,以生成3个标签的控件数组。同样,在窗体上先放置1个命令按钮,然后通过复制,生成3个命令按钮的控件数组。最后再单独增加1个标签控件和时钟控件。如图5.8所示。

2. 属性设置

属性设置如表5.3所示。

表5.3 实训5.2.1对象属性设置

控件名称	属性	属性值
Form1	Caption	抽取幸运观众
Label1	Caption	空
	BackColor	&H00808080&
	FontSize	小二
Label2	Caption	幸运观众的座位号为:
Command1(0)	Caption	开始
Command1(1)	Caption	停止
Command1(2)	Caption	清除
Timer1	InterVal	100
	Enabled	False

3. 代码编写

(1)在窗体的 Load 事件中编写如下代码：

```
Private Sub Form_Load()
    Randomize
    For i = 0 To 2
        Label1(i).Caption = Int(Rnd() * 10)
    Next
End Sub
```

(2)在命令按钮 Command1 的 Click 事件中编写如下代码：

```
Private Sub Command1_Click(Index As Integer)
    Select Case Index
        Case 0                                  '"开始"命令按钮
            Timer1.Enabled = True
        Case 1                                  '"停止"命令按钮
            Timer1.Enabled = False
        Case 2                                  '"清除"命令按钮
            For i = 0 To 2
                Timer1.Enabled = False
                Label1(i).Caption = 0
            Next
    End Select
End Sub
```

(3)在时钟控件 Timer1 的 Timer 事件中编写如下代码：

```
Private Sub Timer1_Timer()
    For i = 0 To 2
        Label1(i).Caption = Int(Rnd() * 10)
    Next
End Sub
```

4. 调试运行

运行程序，单击"开始"命令按钮，稍等片刻后单击"停止"命令按钮，观察程序运行结果。

实训 5.2.2 设计一个饭店的点菜程序。用户从"饭店菜单"列表框中选择"菜名"后，单击"添加"命令按钮能将所选单名添加到右边的列表框中，并能在下方的文本框显示每个菜的单价及消费者总计消费的金额。运行效果如图 5.9 所示。

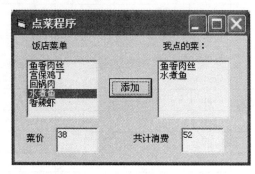

图 5.9 "点菜程序"运行效果

第5章 数组及其应用

【问题分析】

(1)将"饭店菜单"和"我点的菜"置于两个列表框 List1 及 List2 中。每从"饭店菜单"列表框中选择一个菜,单击"添加"命令按钮可以将该菜名添加到"我点的菜"列表框中,即将 List1 的 Text 属性值使用 AddItem 方法添加到 List2 中。

Text 属性是列表框的重要属性,是被选定选项的文本内容。

AddItem 方法可将一个选项加入列表框中,其形式为:

    对象.AddItem Item[,Index]

(2)单击一个菜名时,显示其价格,则需要有一个存储每个菜价格的数组。数组中元素的个数务必要与列表框中的项目一致,且菜名顺序与价格的顺序要一一对应,如"鱼香肉丝"为列表框中的第1项,则其价格必须也为数组的第1个元素。每选中一个菜名,使用其 ListIndex 值访问价格数组中相应的价格,并显示于"菜价"文本框中。

ListIndex 属性表示程序运行时被选定的选项的序号。

(3)为了在最后显示出总的消费金额,每向 List2 中添加一个菜,必须将其相应的价格添加到一个消费数组中。该数组为动态数组,大小视用户所点菜的个数而定。

【设计步骤】

1. 界面设计

根据题目要求,设计界面。在窗体上放置2个列表框、4个标签和1个命令按钮,如图 5.9 所示。

2. 属性设置

属性设置如表 5.4 所示。

表 5.4 实训 5.2.2 对象属性设置

控件名	属性名	属性值
Form1	Caption	点菜程序
Label1	Caption	饭店菜单
Label2	Caption	我点的菜
Label3	Caption	菜价
Label4	Caption	总计消费
Command1	Caption	添加

3. 代码编写

(1)在通用过程中定义如下窗体级变量:

    Dim a()   '存储每一个菜对应的价格
    Dim cnt()   '用户所点的菜对应的价格
    Dim n As Integer   'n-1 为用户所点的菜的个数
    Dim s As Integer   '总计消费金额

(2)在代码窗口,编写如下代码:

    Private Sub Form_Load()   '初始化饭店菜单

```
        List1.AddItem "鱼香肉丝"
        List1.AddItem "宫保鸡丁"
        List1.AddItem "回锅肉"
        List1.AddItem "水煮鱼"
        List1.AddItem "香辣虾"
        a = Array(14, 18, 25, 38, 45)
End Sub

Private Sub List1_Click()            '显示每个菜的价格
        Text1.Text = a(List1.ListIndex)
End Sub

Private Sub Command1_Click()         '向List2中添加菜,并同时计算消费金额
        List2.AddItem List1.Text
        ReDim Preserve cnt(n)
        cnt(n) = a(List1.ListIndex)
        s = s + cnt(n)
        Text2.Text = s
End Sub
```

4. 调试运行

运行程序,单击一个菜名,并单击"添加"命令按钮,观察程序运行情况。

实训 5.2.3 设计一个"文字格式设置"程序,使用组合框 3 种形式。程序运行效果如图 5.10 所示。

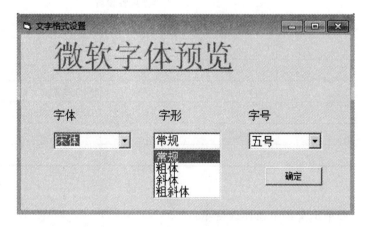

图 5.10 "文字格式设置"运行效果

【问题分析】

(1)将字体、字形、字号分别置于 3 个组合框 ComboBox1,ComboBox2 和 ComboBox3 中,依次采用了组合框的 3 种不同方式,即 ComboBox 的 Style 属性值分别为"0","1","2"。载入初始值的时候分别用了不同的方法:ComboBox1 和 ComboBox2 采用 ListIndex 方法,ComboBox3 采用 ItemData 方法,其形式为"对象.ItemData()"。

（2）组合框控件是将文本框和列表框的功能结合在一起，共有 3 种风格：下拉式组合框（Style＝0）、简单组合框（Style＝1）和下拉式列表框（Style＝2）。3 种形式都能在列表中选择项目，所选项目会显示在文本框中。"下拉式组合框"和"简单组合框"还可以通过在文本框中输入文本来进行选择。"下拉式组合框"和"下拉式列表框"均具有能下拉和收起的列表，节省空间。通过 Style 属性可选择所需的形式。

（3）单击"字体"下拉按钮，弹出"字体"下拉菜单，选择字体的值赋给 Label4 的 FontName；单击"字形"下拉按钮，显示对应的字形方式，可以采用 Case 判断语句来进行逻辑判断。单击"字号"下拉按钮，字体大小会随着字号的大小发生相应的变化，使用了 ItemData 方法。

【设计步骤】

1. 界面设计

根据题目要求，设计界面。在窗体上放置 3 个组合框、4 个标签和 1 个命令按钮，如图 5.10 所示。

2. 属性设置

属性设置如表 5.5 所示。

表 5.5 实训 5.2.3 对象的属性设置

控件名	属性名	属性值
Form1	Caption	文字格式设置
Label1	Caption	字体
Label2	Caption	字形
Label3	Caption	字号
Label4	Caption	微软字体预览
Combo1	Style	0-Dropdown Combo
Combo1	Style	1-Simple Combo
Combo1	Style	2-Dropdown List
Command1	Caption	确定

3. 代码编写

```
Private Sub Form_Load()
    Combo1.ListIndex = 0
    Combo2.ListIndex = 0
    Combo3.ListIndex = 4
    Label4.FontName = Combo1.Text
    Label4.FontSize = Combo3.ItemData(4)
    Label4.FontBold = False
    Label4.FontItalic = False
End Sub

Private Sub Combo3_Click()
    Dim a As Integer
    a = Combo3.ListIndex
    Label4.FontSize = Combo3.ItemData(a)
```

End Sub

Private Sub Combo1_Click()
　　Label4.FontName = Combo1.Text
End Sub

Private Sub Combo2_Click()
　　Dim a As Integer
　　a = Combo2.ListIndex
Select Case a
　　Case 0：Label4.FontBold = False
　　　　　Label4.FontItalic = False
　　Case 1：Label4.FontBold = True
　　　　　Label4.FontItalic = False
　　Case 2：Label4.FontBold = False
　　　　　Label4.FontItalic = True
　　Case 3：Label4.FontBold = True
　　　　　Label4.FontItalic = True
　　End Select
End Sub

4. 调试运行

运行程序，分别选择字体、字号和字形，观察程序运行情况。

三、实践提高

实训 5.2.3 设计一个简易的电话簿，如图 5.11 所示。具体要求如下。
(1)可以查询某人的电话号码。
(2)对于不需要的联系人，可以删除其名字及电话号码。
(3)可以添加新的联系人。

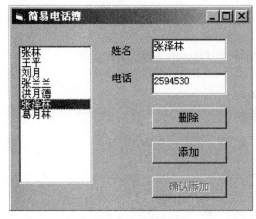

图 5.11　简易电话簿

【任务目标】

(1)电话簿中所有人名单显示于列表框中,对应的电话号码存储于数组中。

(2)窗体中有3个命令按钮:"删除"、"添加"、"确认添加"。"确认添加"命令按钮初始状态为不可用。

(3)单击列表框中的人名,将在右侧的文本框中显示其姓名及电话号码。

(4)单击"删除"命令按钮,可以删除选中的人及其电话号码。

(5)单击"添加"命令按钮,可以在姓名文本框及电话文本框中输入一个新的联系人的姓名及电话号码,此时"确认添加"命令按钮变成可用,单击"确认添加"命令按钮可将输入的新的联系人添加到列表框和数组中。

【任务分析】

(1)电话号码的存储使用动态数组,数组中元素的个数随着列表框中人数的变化而变化。

(2)需要删除某一联系人时,将此人对应的电话号码置为空,之后将其后面的其他电话号码依次前移,重新定义数组,使之大小与列表框中的一致。注意使用PreServe参数,保证原来的数据不丢失。

(3)新增加联系人也需要重新定义电话数组的大小,并在其末尾增加新的电话号码。

四、问题思考

实训5.2.2中试着单击两次"鱼香肉丝",会发现"我点的菜"列表框中会出现两个"鱼香肉丝"菜,如何修改程序,实现点菜不重复?

五、实训练习

(1)使用数组存储任意的10个数,对其进行降序排列,并将结果输出到窗体上。

(2)设计一个"通讯录"程序,当用户在下拉列表框Combo1中选择某个人姓名后,在"电话号码"文本框Text1中显示出对应的电话号码,当用户选择或者取消"单位"复选框Check1和"住址"复选框Check2后,将显示或隐藏"工作单位"文本框Text2和"家庭住址"文本框Text3。下拉列表框初始状态有4个列表项,分别是"甲"、"乙"、"丙"、"丁",将其写在窗体加载过程中。通讯录运行效果如图5.12所示,内容如表5.6所示。

表5.6 通讯录内容

姓名	电话号码	工作单位	家庭住址
甲	1111	A	1#
乙	2222	B	2#
丙	3333	C	3#
丁	4444	D	4#

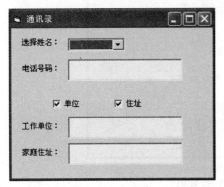

图5.12 "通讯录"运行效果

第 6 章 过程设计

实训 6.1 过程的应用

一、实训目的

(1) 掌握自定义过程的定义和调用方法。
(2) 掌握形参和实参的对应关系。
(3) 掌握值传递和地址传递的传递方式。
(4) 掌握递归概念和使用方法。

二、实训内容

实训 6.1.1 编写一个过程,实现对窗体上的图片进行移动。每当单击"移动"命令按钮时,随机产生一个数据,如果该数据大于 0.5,则图片向右下角移动,否则向左上角移动。运行效果如图 6.1 所示。

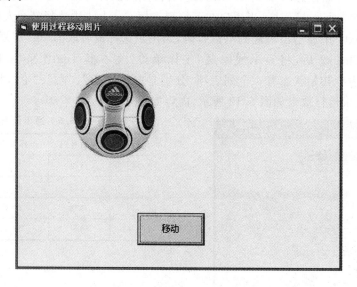

图 6.1 "移动图片"运行效果

【问题分析】

(1)要移动图片,就要改变图片的位置,即修改其 Left 和 Top 属性。向右下角移动是增加 Left 和 Top 的值,向左上角移动则是减少二者的值。

(2)产生随机数要用到函数 Rnd,产生数据在 0~1 之间。直接使用该数据作为参数移动图片,很难实现。由于当产生随机数大于 0.5 时向右下角移动,即增加属性值,故可以使用"+1"来表示;当产生随机数小于等于 0.5 时向左上角移动,即减少属性值,故可以使用"-1"来表示。

(3)移动图片和方向有关,可用参数来控制移动方向,参数为"+1"时向右下角移动,而当参数为"-1"时向左上角移动。

(4)定义过程的语句格式为:

[Static][Private|Public] Sub 过程名[(形式参数表)]
  局部变量和常数定义
  语句块
  [Exit Sub]   }过程体
  语句块
End Sub

(5)调用过程的语句可分为两种形式:

Call 过程名[(实参表)]

或者

  过程名[实参表]

(6)本实训只需定义一个过程,根据参数的不同进行图片的移动,并在 Command1 的单击事件中调用该过程即可。

【设计步骤】

1. 界面设计

根据题目要求,设计界面。本实训界面简单,只需在窗体上放置 1 个 Image 控件和 1 个按钮控件,如图 6.1 所示。

2. 属性设置

属性设置如表 6.1 所示。

表 6.1 实训 6.1.1 对象属性设置

控件名称	Name 属性	Caption 属性
窗体	Form1	使用过程移动图片
Image 控件	Image1	无
命令按钮控件	Command1	移动

3. 代码编写

在代码窗口,编写如下代码:

Private Sub mymove(ByVal k As Integer)

```
        Image1.Left = Image1.Left + k * 100    'k值为1,向右移动,k为-1,向左移动
        Image1.Top = Image1.Top + k * 100      'k值为1,向下移动,k为-1,向上移动
    End Sub
    Private Sub Command1_Click()
        Dim k As Integer
        If Rnd > 0.5 Then k = 1 Else k = -1
        Call mymove(k)                          '调用过程
    End Sub
```

4. 调试运行

运行程序,单击"移动"命令按钮,观察图片移动情况。

实训 6.1.2 编写程序,完成矩阵加法运算,使得矩阵 **C**＝矩阵 **A**＋矩阵 **B**,运行效果如图 6.2 所示。

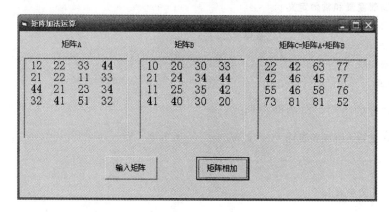

图 6.2 "矩阵加法运算"运行效果

【问题分析】

(1)该实训题目中需要输入矩阵 **A** 和 **B** 的数据,因此可设计一个过程用于对矩阵元素进行输入。由于不同矩阵输入时提示信息不同,所以可选择数组和字符串提示信息作为参数。

(2)矩阵输入完毕并计算得出 **C**＝**A**＋**B** 之后要输出 **A**、**B**、**C** 矩阵元素的值,且每个矩阵输出的位置不同,因此可设计一个过程用于对矩阵元素进行输出,并将输出位置对象图片框和数组作为过程的参数。

(3)计算两个矩阵相加,也要设计一个过程,需要 4 个参数,分别是 3 个矩阵以及矩阵的行数。

(4)数组作为实参和形参时,一般是通过地址方式传递。在声明过程的形参列表中,数组名称后面要加上空括号(不能放入维数的定义)。在调用过程语句的实参表中,只要给出实参数组名即可。由于是传址方式,在调用过程时,调用过程中的实参数组与过程中的形参数组实际上是同一个数组。

(5)由于形参数组是动态数组,在进行参数传递时,需要使用 LBound 和 UBound 函数得到数组的上、下界。

【设计步骤】

1. 界面设计

根据题目要求,设计界面。在窗体上放置 3 个标签控件、3 个 PictureBox 控件和 2 个命令

按钮,如图 6.2 所示。

2. 属性设置

属性设置如表 6.2 所示。

表 6.2 实训 6.1.2 对象属性设置

控件名称	Name 属性	Caption 属性
窗体	Form1	矩阵加法运算
Label	Label1(0)	矩阵 A
	Label1(1)	矩阵 B
	Label1(2)	矩阵 C=矩阵 A+矩阵 B
PictureBox	P1	无
	P2	无
	P3	无
命令按钮	CmdInpute	输入矩阵
	CmdAdd	矩阵相加

3. 代码编写

(1) 声明窗体级变量

```
Dim a() As Integer              '声明动态数组
Dim b() As Integer
Dim c() As Integer
Dim n As Integer                '声明变量保存矩阵的行数
```

(2) 编写数组元素输入过程,代码如下:

```
'数组元素的输入
Private Sub readm(a() As Integer, title As String)
    Dim i As Integer, j As Integer
    For i = LBound(a, 1) To UBound(a, 1)        '第 1 维的上下界
        For j = LBound(a, 2) To UBound(a, 2)    '第 2 维的上下界
            a(i, j) = InputBox("输入矩阵(" & i & "," & j & ")的值", title)
        Next j
    Next i
End Sub
```

(3) 编写数组输出的过程,代码如下:

```
'数组元素的输出
Private Sub output(p As PictureBox, a() As Integer)
    Dim i As Integer, j As Integer
    For i = LBound(a, 1) To UBound(a, 1)        '第 1 维的上下界
        For j = LBound(a, 2) To UBound(a, 2)    '第 2 维的上下界
            p.Print a(i, j);
        Next j
```

```
            p. Print
        Next i
    End Sub
```

(4) 编写两个矩阵相加的过程,代码如下:

```
'两个矩阵相加
Public Sub add(a() As Integer, b() As Integer, c() As Integer, n As Integer)
    For i = 1 To n
        For j = 1 To n
            c(i, j) = a(i, j) + b(i, j)
        Next j
    Next i
End Sub
```

(5) 编写"输入矩阵"命令按钮的单击事件代码如下:

```
Private Sub CmdInput_Click()
    Dim i As Integer, j As Integer
    n = InputBox("输入方阵的行数", "提示")
    '声明 a,b,c 是 n*n 的方阵
    ReDim a(1 To n, 1 To n)
    ReDim b(1 To n, 1 To n)
    ReDim c(1 To n, 1 To n)
    Call readm(a, "输入矩阵 A")      '读入矩阵 A
    Call readm(b, "输入矩阵 B")      '读入矩阵 B
    Call output(P1, a)               '输出矩阵 A
    Call output(P2, b)               '读入矩阵 B
End Sub
```

(6) 编写"矩阵相加"命令按钮的单击事件代码如下:

```
Private Sub CmdAdd_Click()
    Call add(a(), b(), c(), n)       '计算矩阵的和
    Call output(P3, c)               '输出矩阵 C
End Sub
```

4. 调试运行

运行程序,单击"输入矩阵"命令按钮,首先输入矩阵行数,再依次输入矩阵 **A** 和矩阵 **B** 的元素。单击"矩阵相加"命令按钮,观察运行结果。

在"Call readm(a, "输入矩阵 A")"语句处,设置断点,运行程序至此,按 F8 键单步执行,观察程序中过程的调用与返回。

实训 6.1.3 汉诺塔问题。如图 6.3 所示,有 3 个同样大小的柱子,其中在 A 柱子上放有 n 个大小不一样的盘子,最小的盘子在最上面,向下依次增大。现在若想把 A 柱子上的盘子全部移动到 B 柱子上,可以借助 C 柱子移动,但是要求每次只能移动一个盘子,且在小盘子上不能放大盘子,如何编写程序实现移动过程?

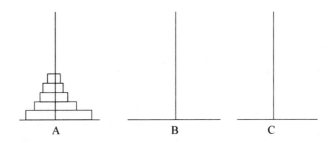

图 6.3 汉诺塔问题示意图

【问题分析】

(1)解决汉诺塔的基本思想:

先把 n 个盘子除了最下面的盘子以外的所有盘子从 A 柱子(初始柱子)移动到 C 柱子上(辅助柱子),然后把最下面的盘子移动到 B 柱子上(目标柱子)。最后把剩下的盘子移动到目标柱子上。然而,完成第 1 步和第 3 步也同样是一个移动 $n-1$ 个盘子的汉诺塔问题。于是,此问题使用递归调用是必然的。

(2)递归调用就是在过程中直接或间接地调用自身。递归调用有以下两个要素。

①结束条件:在递归调用时,必须给出递归终止的条件。

②递归表达式:要描述出递归的表达形式,并且这种表述向终止条件变化,在有限的步骤内达到终止条件。

【设计步骤】

1. 界面设计

根据题目要求,设计界面如图 6.4 所示。

图 6.4 "汉诺塔问题"设计界面

2. 属性设置

属性设置如表 6.3 所示。

表 6.3　实训 6.1.3 对象属性设置

控件名称	Name 属性	Caption 属性
窗体	Form1	汉诺塔问题
Label	Label1	输入盘子个数
	Label2	移动过程
Text	Text1	无
命令按钮	CmdMove	开始移动
图片框	P1	无

3. 代码编写

(1) 声明窗体级变量如下：

```
Dim n As Integer        '控制盘子的个数
```

(2) 编写移动盘子的递归过程，代码如下：

```
Private Sub hannt(n As Integer, a As String, b As String, c As String)
    If n = 1 Then
        '只有一个盘子的时候，直接从 A 上移动到 B 上
        P1.Print "移动 "; n; " 从 "; A; " 到 "; B
    Else
        Call hannt(n - 1, "A", "C", "B")      '先将前 n-1 个盘子从 A 柱子移动到 C 柱子上，
                                              '借助 B
        P1.Print "移动 "; n; " 从 "; a; " 到 "; b   '再将第 n 个盘子从 A 柱子移动到 B 柱子上
        Call hannt(n - 1, "C", "B", "A")      '最后将 n-1 个盘子从 C 柱子移动到 B 柱子上，
                                              '借助 A
    End If
End Sub
```

(3) 编写"开始移动"按钮的单击事件代码如下：

```
Private Sub CmdMove_Click()
    P1.Cls
    '将 n 个盘子从 A 柱子移动到 B 柱子上，借助于 C 柱子
    n = Val(Text1.Text)
    Call hannt(n, "A", "B", "C")
End Sub
```

4. 调试运行

运行程序，在文本框中输入盘子的个数，单击"开始移动"命令按钮，观察运行结果。设置断点，

单步执行,进一步观察递归调用过程。

三、实践提高

实训 6.1.4 使用过程设计一个综合随机数生成、排序、找最大值/最小值以及计算平均值的工程,程序运行效果如图 6.5 所示。

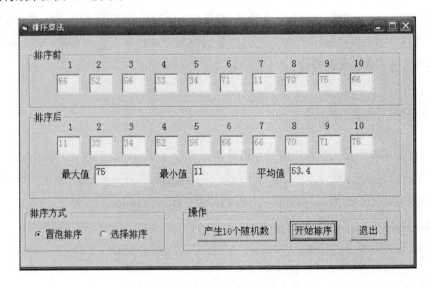

图 6.5 "排序算法"运行效果

【任务目标】

(1)单击"产生 10 个随机数"命令按钮,产生 10 个 10~90 之间的随机数,并显示在文本框中。

(2)单击"开始排序"命令按钮时,根据选择的排序方式对 10 个数据进行排序,并找出最大值、最小值,计算平均值,结果显示在对应的文本框中。

【任务分析】

(1)产生随机数,只需使用 Rnd 函数即可,如 Int(Rnd() * 80+10)。

(2)文本框性质相似,使用控件数组,其 Index 值与数据数组的下标可一致,操作方便。

(3)排序方式有两种,分别建立两种排序方式的过程,使用数组作为形参。

(4)由于两种排序方法中都用到交换两个数据,因此可设计一个过程交换两个数,参数使用传址方式传递。

(5)要计算最大值、最小值和平均值,也要建立一个过程,参数使用数组即可。可把存放最大值、最小值和平均值的变量定义为窗体级,这样就可在多个过程中使用。

(6)在"开始排序"命令按钮的单击事件中,根据选择的排序方式,调用不同的排序过程,并将排序结果显示在对应的文本框中,然后调用计算最大值、最小值和平均值的过程,将计算结果显示在对应的文本框中。

四、问题思考

(1)在实训 6.1.1 中,如果要同时控制移动的速度,应该如何修改程序呢?过程中的参数如何变化?

(2)在实训 6.1.2 中,增加一个矩阵相乘的过程,并在界面上增加相应控件,如何修改程序?

(3)在实训 6.1.4 中,如果再增加一个选项,即是按从大到小排序,还是按从小到大排序,应该如何修改排序过程?如果再增加一个"查找"方式,分别按顺序查找和二分查找进行。如何修改程序?应该增加哪些过程?界面如何设计?

五、实训练习

(1)利用过程求解一元二次方程的根并设计界面,输入系数 a,b,c 后在文本框中输出根。

提示:

Sub gen(a As Double, b As Double, c As Double, x1 As Double, x2 As Double)

(2)利用过程求圆周率的值,计算公式为:

$$\pi = 2 \times \frac{2^2}{1 \times 3} \times \frac{4^2}{3 \times 5} \times \frac{6^2}{5 \times 7} \times \cdots \times \frac{(2 \times n)^2}{(2n-1) \times (2n+1)}$$

试用两种方法给出其计算过程,并设计界面,输入 n 值,显示 π 的值。

(3)编写子过程,对于已知正整数,判读该数是否是回文数。所谓回文数是指顺读与倒读数字相同,即最高位与最低位相同,次高位与次低位相同,以此类推。当只有一个数字时,也认为是回文。程序要求输入一系列数字,找出所有的回文数并显示在文本框中。

提示:

判断是否为回文的过程可按如下形式定义:

Private Sub huiwen(ByVal x As Long, ByRef flag As Boolean)

使用参数 flag 将判断结果带回,它必须是以传址方式传递的。判断过程中不会改变数值 x,因此其为传值方式传递参数。

实训 6.2 函数的应用

一、实训目的

(1)掌握自定义函数的定义和调用方法。

(2)掌握变量、函数和过程的作用域。

(3)掌握窗体模块、标准模块的创建和使用。

二、实训内容

实训 6.2.1 编写一个函数,计算一个数据的各个位数之和,运行效果如图 6.6 所示。

图 6.6 "计算一个数各个位数之和"运行效果

【问题分析】

(1)一个数据是由很多位数构成的,在文本框中输入数据,其实是一个由数字构成的字符串,因此可按照字符串长度(Len 函数),使用取子串函数(Mid 函数),每次取一个字符,将其转换成数值(Val 函数),累加到一个变量中。

(2)由于该问题是要产生一个值,故可定义一个函数。在单击"计算"命令按钮时,调用该函数即可。

(3)自定义函数的语句格式为:

[Static][Private|Public] Function 函数名[(形式参数表)][As 数据类型]
  局部变量和常数定义
  语句块
  [Exit Function]   }函数体
  语句块
End Function

"As 数据类型"是指函数返回值的类型,如果省略,则为变体类型。

在函数体中一定要有指定返回值的语句,即给函数名(即 Function 过程名)赋值的语句,方法为:

  函数名 = 表达式

(4)大多数情况下,在表达式中调用 Function 过程,这时使用函数名调用并且加圆括号把实参括起来。

【设计步骤】

1. 界面设计

根据题目要求,设计界面。运行结果如图 6.6 所示。

2. 属性设置

属性设置如表 6.4 所示。

表 6.4　实训 6.2.1 对象属性设置

控件名称	Name 属性	Caption 属性
窗体	Form1	计算一个数各个位数和
Label	Label1	输入数据
	Label2	输出结果
命令按钮	CmdCompute	计算
	CmdClose	关闭

3. 代码编写

(1)编写函数过程：

```
Function calsum(num As String) As Integer
    Dim slen As Integer
    Dim i As Integer, nn As String
    slen = Len(num)                          '计算字符串长度
    For i = 1 To slen
        nn = Mid(num, i, 1)                  '取第 i 个字符
        calsum = calsum + Val(nn)            '将字符转换成数值累加,并赋值给函数名
    Next i
End Function
```

(2)编写事件代码：

```
Private Sub Form_Load()
    Text1.Text = ""                          '清空文本框
    Text2.Text = ""
End Sub
Private Sub Cmdcompute_Click()
    Dim n1 As String
    n1 = Text1.Text
    Text2.Text = calsum(n1)                  '调用函数
End Sub
Private Sub Cmdclose_Click()
    Unload Me                                '关闭窗口
End Sub
```

4. 调试运行

运行程序,在"输入数据"文本框中输入数值,单击"计算"命令按钮,在"输出结果"文本框中显示各个位数之和。如果输入的数据中带有字母,程序可否计算出结果来？

实训 6.2.2　数制转换。编写函数,实现一个十进制正整数转换成二、八、十六任意进制的字符,并对八、十六进制调用内部函数加以验证。运行效果如图 6.7 所示。

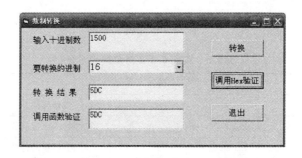

图 6.7 "数制转换"运行效果

【问题分析】

(1)十进制数是日常生活中最常用的进制,而数据在计算机中的表示,最终以二进制的形式存在。为了便于表示二进制数,又引入了八进制和十六进制数。这些不同进制之间的转换,可以通过编程来实现。Visual Basic 提供的内部函数 Oct 可将十进制转换为八进制、Hex 函数可将十进制转换为十六进制。

(2)一个十进制正整数 m 转换成 r 进制的思路:

将 m 不断除 r 取余数(若余数超过 9,还要进行相应的转换,如 10 变成 A,11 变成 B 等),直到商为 0,以反序得到结果,即最后得到的余数在最高位。

(3)以十进制转换成十六进制为例,其程序处理示意图如图 6.8 所示。

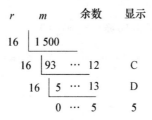

图 6.8 进制转换示意图

(4)当选择要转换的进制为八进制时,"验证"命令按钮的 Caption 属性改为"调用 Oct 验证",当选择要转换的进制为十六进制时,"验证"命令按钮的 Caption 属性改为"调用 Hex 验证"。选择其他进制时,"验证"命令按钮的 Caption 属性为"验证"且不可使用。

【设计步骤】

1. 界面设计

根据题目要求,设计界面。在窗体上放置 4 个标签控件、3 个文本框控件、1 个组合框控件和 3 个命令按钮,如图 6.9 所示。

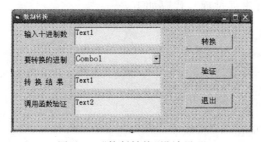

图 6.9 "数制转换"设计界面

2. 属性设置

属性设置如表 6.5 所示。

表 6.5 实训 6.2.2 对象属性设置

控件名称	Name 属性	Caption 属性
窗体	Form1	数制转换
Label	Label1	输入十进制数
	Label2	要转换的进制
	Label3	转换结果
	Label4	调用函数验证
Text	TxtInput	无
	TxtResult	无
	Txtyanzh	无
Combo	Combjinzh	无
命令按钮	CmdConvert	转换
	CmdVerify	验证
	CmdExit	退出

3. 代码编写

(1) 编写函数过程,实现不同进制转换。代码如下：

```
Function TranDecToR(ByVal m As Integer, ByVal r As Integer) As String
    TranDecToR = ""
    Do While m <> 0
        c = m Mod r
        If c > 9 Then              '超过 9 转换成对应的"A~F"十六进制表示形式
            TranDecToR = Chr(c - 10 + 65) & TranDecToR
        Else
            TranDecToR = c & TranDecToR
        End If
        m = m\r
    Loop
End Function
```

(2) 编写 Form_Load 事件过程。代码如下：

```
Private Sub Form_Load()
    Dim i As Integer
    TxtInput.Text = ""              '清空文本框
    TxtResult.Text = ""
    TxtYanzh.Text = ""
    Combjinzh.Clear
    For i = 2 To 16                 '初始化组合框
```

```
            Combjinzh.AddItem i
        Next i
        Combjinzh.Text = 2
        CmdVerify.Enabled = False         '验证按钮无效
    End Sub
```

(3) 编写组合框的单击事件过程,改变"验证"命令按钮的 Caption 属性。代码如下:

```
    Private Sub Combjinzh_Click()
        If Combjinzh.Text = "8" Then
            CmdVerify.Enabled = True
            CmdVerify.Caption = "调用 Oct 验证"
        ElseIf Combjinzh.Text = "16" Then
            CmdVerify.Enabled = True
            CmdVerify.Caption = "调用 Hex 验证"
        Else
            CmdVerify.Caption = "验证"
            CmdVerify.Enabled = False
        End If
    End Sub
```

(4) 编写"转换"命令按钮的单击事件过程,调用进制转换函数并显示结果。代码如下:

```
    Private Sub CmdConvert_Click()
        If TxtInput.Text <> "" Then
            dec = Val(TxtInput.Text)
            If Combjinzh.Text <> "" Then
                jinzh = Val(Combjinzh.Text)
                TxtResult.Text = TranDecToR(dec, jinzh)   '调用函数进制转换
            Else
                MsgBox "要转换的进制不能为空!", vbOKOnly + vbInformation, "提示"
            End If
        Else
            MsgBox "输入的十进制数不能为空!", vbOKOnly + vbInformation, "提示"
            TxtInput.SetFocus
        End If
    End Sub
```

(5) 编写"验证"命令按钮的单击事件代码,调用相应内部函数进行验证。代码如下:

```
    Private Sub CmdVerify_Click()
        If CmdVerify.Caption = "调用 Oct 验证" Then
            TxtYanzh.Text = Oct(Val(TxtInput.Text))    '调用 Oct 函数,十进制转换为八进制
        Else
            TxtYanzh.Text = Hex(Val(TxtInput.Text))    '调用 Hex 函数,十进制转换为十六进制
        End If
    End Sub
```

(6)"退出"命令按钮的功能为结束程序运行,制裁窗体代码如下:
```
Private Sub CmdExit_Click()
    Unload Me
End Sub
```

实训 6.2.3 加密和解密问题。编写加密和解密的程序,将输入的一行字符串中的所有字母加密,加密后还可再进行解密。运行效果如图 6.10 所示。

图 6.10 "加密解密"运行效果

【问题分析】

(1)本实训的背景知识如下:

在当今信息社会,信息的安全性得到了广泛的重视,信息加密是一项安全性的措施之一。信息加密有各种方法,最简单的加密方法是:将每个字母加一序数,序数称为密钥。例如,序数为3,则"A"→"D","a"→"d","B"→"E","W"→"A","X"→"B"。解密是加密的逆过程。

(2)针对上述思想编写一个加密函数,对字符串中的每个字母进行加密,当加上密钥后的字符超过"Z"或"z"时,则将其减去26,转回到26个字母的开始位置的某个字母。而对非字母字符不进行加密。解密与加密过程相反。

(3)由于在窗体加载时和运行过程中单击"清除"命令按钮,都要清除文本框信息,因此可建立一个过程完成此功能。

【设计步骤】

1. 界面设计

根据题目要求,设计界面如图 6.10 所示。

2. 属性设置

属性设置如表 6.6 所示。

表 6.6 实训 6.2.3 对象属性设置

控件名称	Name 属性	Caption 属性
窗体	Form1	加密解密
Label	Label1	要加密的字符串
	Label2	加密后的字符串
	Label3	解密后的字符串

控件名称	Name 属性	Caption 属性
Text	Text1	无
	Text2	无
	Text3	无
命令按钮	CmdCode	加密
	CmdUncode	解密
	CmdClear	清除

3. 代码编写

(1) 编写清除文本框的过程,此处只给出过程名称 Sub Clear(),代码略。

(2) 编写加密函数,代码如下:

```
Function code(ByVal str As String, ByVal key As Integer)
    Dim c As String * 1, iasc As Integer
    code = ""
    For i = 1 To Len(str)
        c = Mid$(str, i, 1)                              '取第 i 个字符
        Select Case c
        Case "A" To "Z"
            iasc = Asc(c) + key                          '大写字母加序数 key 加密
            If iasc > Asc("Z") Then iasc = iasc - 26     '加密后超过 Z
            code = code + Chr(iasc)
        Case "a" To "z"
            iasc = Asc(c) + key                          '小写字母加序数 key 加密
            If iasc > Asc("z") Then iasc = iasc - 26     '加密后超过 z
            code = code + Chr(iasc)
        Case Else
            code = code + c                              '为其他字符时不加密
        End Select
    Next i
End Function
```

(3) 编写解密函数,与加密函数类似,代码略,此处只给出函数声明部分的定义,如下:

Function Uncode(ByVal str As String, ByVal key As Integer)   '解密函数

(4) 编写各命令按钮的单击事件,调用相应函数,完成字符串的加密和解密以及清除功能。代码略。

4. 调试运行

运行程序,任意输入字符串,单击"加密"命令按钮,观察加密后的字符串中字母和非字母的变化。再单击"解密"命令按钮,查看"解密后的字符串"与"要加密的字符串"是否一致。

三、实践提高

实训 6.2.4　使用过程和函数设计一个扫雷玩家信息管理系统,能够实现输入玩家信息和玩家英雄榜等功能。该系统运行时,主要有 3 个窗体,如图 6.11~图 6.13 所示。

【任务目标】

（1）程序运行时,打开主窗体,包含 3 个菜单:"输入玩家信息"、"英雄榜"和"退出系统"。

（2）单击"输入玩家信息"菜单,打开如图 6.12 所示的窗体。单击"输入并显示"命令按钮时,首先输入"玩家人数",然后分别提示输入每个玩家的姓名和玩游戏所用秒数,如图 6.14 和图 6.15 所示。输入完成后,将每个玩家信息显示在图形框中。单击"退出"命令按钮时,返回主窗体。

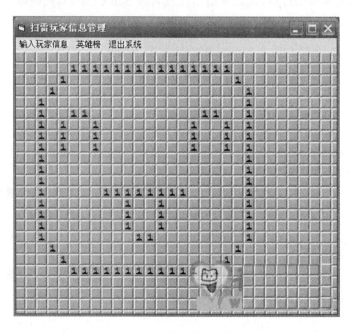

图 6.11　"扫雷玩家信息管理"主窗体

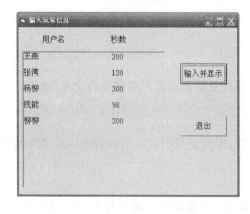

图 6.12　"输入玩家信息"窗体

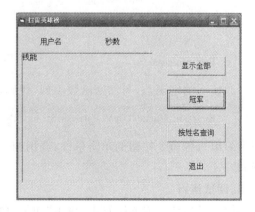

图 6.13　"扫雷英雄榜"窗体

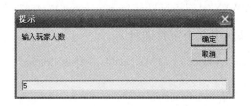

图 6.14 提示输入玩家人数

图 6.15 提示输入玩家信息

(3)单击"英雄榜"菜单,打开如图 6.13 所示的窗体。初始状态显示所有玩家信息。单击"冠军"命令按钮,显示出所用时间最少的玩家信息;单击"按姓名查询"命令按钮,则首先提示输入玩家姓名,然后显示出该玩家的相关信息。单击"显示全部"命令按钮,则会显示出全部玩家信息。单击"退出"命令按钮,返回主窗体。

(4)单击主窗体中的"退出系统"菜单,则退出整个系统。

【任务分析】

(1)在"输入玩家信息"和"英雄榜"窗体中,都要显示玩家信息,因此可编写一个过程用来显示玩家信息,并将其添加在标准模块中,设为 Public 类型的过程。玩家信息是显示在图片框中,因此可将其设置为一个参数。

(2)玩家信息包括人数、姓名和所用时间,在"输入玩家信息"窗体中输入完毕后,在"英雄榜"窗体中还要使用,因此需将玩家信息数组定义为 Public 型的,也放在标准模块中。

(3)在"输入玩家信息"窗体中,建立一个过程用于输入信息,并在单击"输入玩家信息"命令按钮事件中调用,然后调用显示玩家信息的子过程。

(4)在"英雄榜"窗体中,设计两个函数,分别计算所用时间最短的玩家的数组下标和按姓名查找的玩家的数组下标,并在相应的命令按钮单击事件中调用。

四、问题思考

(1)在实训 6.2.1 中,如果可以计算不同进制的各个位数之和,如十六进制数据的和,应该如何修改程序? 如果将所输入数据先转换成数值型,然后再计算各个位数之和,应该怎么办? 如果输入的数据中有不符合相应进制的数据规则的话,如何判断?

(2)在实训 6.2.2 中,只是将十进制数转换为其他进制,如果还要完成将其他进制转换为十进制,如何编写程序? 除了十进制之外的进制之间如何编写程序实现相互转换?

(3)在实训 6.2.4 中,如果再增加一个菜单项"玩家信息的维护",设计一个窗体,可以实现玩家信息的"添加"、"删除"和"修改",界面如何设计? 又要设计哪些过程?

五、实训练习

(1)编写程序,能够实现生成 8 位的随机口令,口令中可包含大小写字母和数字。

提示:

可定义一个函数"Function GenPassword() As String",在该函数中设置一个口令组成字符串:

UseChar="ABCDEFGHIJKLMNOPQRSTUVWXYZabcdefghijklmnopqrstuvwxyz0123456789"

然后使用循环从该串中每次随机取出一个字符,共产生 8 个字符即可。

Sub GenPassword(a As Double, b As Double, c As Double, x1 As Double, x2 As Double)

(2)编写程序,利用 Function 函数计算下式的值:

$$y=\frac{(1+2+3+\cdots+m)+(1+2+3+\cdots+n)}{(1+2+3+\cdots+p)}$$

并设计界面,输入 m,n 和 p 值,显示 y 的值。

(3)编写一个函数过程 Deleste(S1,S2),将字符串 S1 中出现的 S2 字符串删除,结果还存放在 S1 中。例如,字符串"S1="12345678AAABBBDFG12345"",字符串"S2="234"",结果为:

"S1="15678AAABBBDFG15""。

提示:

①在 S1 字符串中查找 S2 字符串,可利用 InStr 函数,考虑到 S1 中可能存在多个或不存在 S2 字符串,用"Do While InStr(S1,S2)>0"循环结构来实现。

②如果在 S1 中找到了 S2 字符串,首先要确定 S1 字符串的长度,因 S1 字符串在进行多次删除时,长度在变化。可通过 Left、Right 函数的调用删除 S1 中存在的 S2 字符串。

第7章 文件处理

实训 7.1 文件基本操作

一、实训目的

(1)熟悉文件系统控件的使用。
(2)掌握顺序文件、随机文件、二进制文件的特点及使用方法。
(3)熟练掌握3种文件的打开、关闭和读写命令。
(4)学会利用3种文件建立简单的应用程序。
(5)简单了解 FSO 对象文件的使用方法,并会简单应用。

二、实训内容

实训 7.1.1 设计一个能打开并运行".exe"文件的窗体,运行效果如图 7.1 所示。列表框中列出当前目录中所有的可执行文件(.exe),双击某一文件名,使之执行。

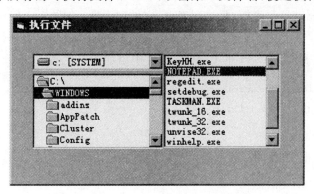

图 7.1 "执行文件"运行效果

【问题分析】
(1)使用 Visual Basic 6.0 所提供的驱动器列表框、目录列表框、文件列表框控件可以实现对任意文件夹的浏览。
(2)为了能在 Visual Basic 6.0 中运行一个可执行文件,可以使用 Shell 函数。
Shell 函数的功能:负责执行一个可执行文件(包括".exe"、".com"、".bat"),返回一个

Variant(Double)型数据。若执行成功,返回此程序的进程 ID;若不成功,则返回"0"。Shell 函数的格式如下:

Shell(PathName[,WindowStyle])

其中,PathName 为必需参数,类型为字符型,它指出了要执行的程序名以及任何需要的参数或命令行变量,也可以包括路径名。

WindowStyle 为可选参数,类型整型,它指定在程序运行时窗口的样式。WindowStyle 的值及描述如表 7.1 所示。

表 7.1 Shell 函数的 Windowstyle 参数描述

常量	值	描述
VbHide	0	窗口被隐藏,且焦点会移到隐式窗口
VbNormalFocus	1	窗口具有焦点,且会还原到它原来的大小和位置
VbMinimizedFocus	2	窗口会以一个具有焦点的图标来显示(缺省值)
VbMaximizedFocus	3	窗口是一个具有焦点的最大化窗口
VbNormalNoFocus	4	窗口会被还原到最近使用的大小和位置,而当前活动的窗口仍然保持活动
VbMinimizedNoFocus	6	窗口会以一个图标来显示,而当前活动的窗口仍然保持活动

例如,调用系统计算器的命令"Shell "calc.exe",3"。调用记事本的命令为"Shell "NotePad",vbNormalFocus"。而"Shell "c:\1.doc""是错的,因为 Shell 只能执行扩展名为".exe"、".com"、".bat"的文件。

【设计步骤】

1. 界面设计

在窗体上添加驱动器列表框、目录列表框、文件列表框,如图 7.1 所示。

2. 代码编写

(1)在驱动器列表框 Driver1 的 Change 事件中添加如下代码:

```
Private Sub Drive1_Change()
    Dir1.Path = Drive1.Drive
End Sub
```

(2)在目录列表框 Dir1 的 Change 事件中添加如下代码:

```
Private Sub Dir1_Change()
    File1.Path = Dir1.Path
End Sub
```

(3)在文件列表框 File1 的 DblClick 事件中添加如下代码:

```
Private Sub File1_DblClick()
    x = Shell(File1.FileName, 1)
End Sub
```

3. 调试运行

运行程序,选择一个可执行文件并双击,观察程序运行情况。

实训 7.1.2 编写一个"扫雷游戏玩家信息管理"的程序,能够完成玩家信息浏览和玩家信息添加等功能,主窗体如图 7.2 所示。单击"玩家信息浏览"菜单,弹出如图 7.3 所示的窗体,单击"由文件读出数据"命令按钮,则打开指定文件并将信息显示在对应文本框中,单击相应的浏览命令按钮可完成信息浏览。单击"玩家信息添加"菜单,弹出如图 7.4 所示的窗体,输入数据后单击"添加数据到文件"命令按钮,将玩家信息写入到指定文件中。

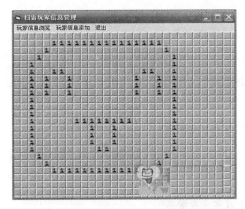

图 7.2 "扫雷玩家信息管理"主窗体

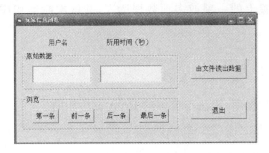

图 7.3 "玩家信息浏览"窗体

图 7.4 "玩家信息添加"窗体

【问题分析】

(1)该问题在信息浏览时,首先要从文件中读取已经存在的玩家信息,因此需要先将玩家信息保存在一个文本文件中。建立"扫雷玩家信息.txt"文件,其内容由多个扫雷玩家的数据构成,每个玩家包括两项信息:用户名和扫雷所用时间,每项信息占一行,其格式如图 7.5 所示。

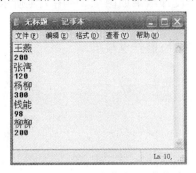

图 7.5 "扫雷玩家信息"文件格式

（2）由于文件中的数据不止一个,读出时需将其存入到数组中,可设置两个数组分别存放玩家姓名和所用时间。

（3）对顺序文件操作的语句主要有：

① 打开文件：

Open 文件名 For Input|Output|Append As [#]文件号

Input|Output|Append 为打开文件的方式,"文件号"为 1~511 之间的整数。

② 关闭文件：

Close [[#]文件号1,[[#]文件号2,…]]

其中,"文件号"参数指定要关闭文件的文件号,Close 语句允许一次关闭多个文件,当使用不带任何参数的 Close 语句时,关闭所有使用 Open 语句打开的文件。

③ 读文件：

Line Input #文件号,字符串变量名

功能是把文件号所代表文件中当前读写位置上的一整行数据作为一个字符串读入到指定的字符串变量中。

Input #文件号,一个或多个变量名

功能是把文件号所代表文件中当前读写位置上的一项或多项数据读入,并依次赋给相应的变量。

④ 写文件：

Print #文件号,一个或多个参数,|;

功能是向文件号所指定的文件中写入多个数据项,用法与窗体的 Print 方法相同

Write #文件号,一个或多个参数,|;

Write #输出到文件中的各数据项之间都用逗号分隔,并且是一个紧跟着一个写入,中间不留有空格。Write #写到文件中的内容会加上定界符:字符串加双引号,日期型、逻辑型加"#",数值型无特殊处理。

【设计步骤】

1. 界面设计

根据题目要求,设计界面。设计结果如图 7.2~图 7.4 所示。

2. 建立文本文件

建立如图 7.5 所示的文本文件,内容可自定。

3. 属性设置

属性设置如表 7.2 所示。

表 7.2 实训 7.1.2 对象属性设置

窗体	控件	属性	值
主窗体	窗体	Name	FrmMain
		Caption	扫雷玩家信息管理
		Picture	1.jpg
	菜单	标题	玩家信息浏览
		名称	Wjxxll
主窗体	菜单	标题	玩家信息添加
		名称	Wjxxtj
		标题	退出
		名称	Exit
浏览信息窗体	窗体	Name	Frmbrowse
		Caption	玩家信息浏览
	标签	Name	Label1
		Caption	用户名
		Name	Label2
		Caption	所用时间(秒)
	框架	Name	Frame1
		Caption	原始数据
		Name	Frame2
		Caption	浏览
	文本框	Name	Text1
		Name	Text2
	命令按钮	Name	CmdRead
		Caption	由文件读出数据
		Name	CmdQuit
		Caption	退出
	命令按钮组	Name	CmdBrow
		Index	0～3
		Caption	第一条、前一条、后一条、最后一条
添加信息窗体	窗体	Name	FrmAdd
		Caption	玩家信息添加
	标签	同浏览信息窗体,略	
	框架	Name	Frame1
		Caption	添加数据
	文本框	Name	Text1
		Name	Text2
	命令按钮	Name	CmdWrite
		Caption	添加数据到文件
		Name	CmdQuit
		Caption	退出

4. 代码编写

(1)在浏览玩家信息的窗体中定义窗体级变量：

```
Option Base 1
Dim player(100) As String        '玩家姓名数组
Dim time(100) As String          '玩家所用时间数组
Dim i As Integer                 '控制数组下标变化
Dim n As Integer                 '记录玩家总人数
```

(2)编写"由文件读出数据"的单击事件代码如下：

```
Private Sub Cmdread_Click()
    Open App.Path + "\扫雷玩家信息.txt" For Input As #1    '以读方式打开文件
    i = 1                                                  '统计记录个数,开始为1
    While Not EOF(1)
        Line Input #1, player(i)                           '读出记录存入数组中
        Line Input #1, time(i)
        i = i + 1                                          '为读下一条记录做准备
    Wend
    n = i - 1                                              '总记录数
    i = 1
    Text1.Text = player(i)                                 '将第一条记录显示在文本框中
    Text2.Text = time(i)
    Close #1                                               '关闭文件
End Sub
```

(3)编写一组浏览按钮的事件代码：

```
Private Sub Cmdbrow_Click(Index As Integer)
    Select Case Index
    Case 0:
        i = 1
        Text1.Text = player(i)
        Text2.Text = time(i)
    Case 1:
        If i <= 1 Then
            MsgBox "已经是第一条记录!", vbOKOnly + vbInformation, "提示"
        Else
            i = i - 1
            Text1.Text = player(i)
            Text2.Text = time(i)
        End If
    Case 2:
        If i >= n Then
            MsgBox "已经是最后一条记录!", vbOKOnly + vbInformation, "提示"
        Else
```

```
                    i = i + 1
                    Text1.Text = player(i)
                    Text2.Text = time(i)
                End If
            Case 3:
                i = n
                Text1.Text = player(i)
                Text2.Text = time(i)
        End Select
    End Sub
```

(4) 编写"添加玩家信息"窗体中的"添加数据到文件"命令按钮的单击事件代码如下：

```
    Private Sub Cmdwrite_Click()
        If Text1.Text <> "" And Text2.Text <> "" Then
            Open App.Path + "\扫雷玩家信息.txt" For Append As #1    '以追加方式打开文件
            Print #1, Text1.Text                                '写入文件
            Print #1, Text2.Text
            MsgBox "信息添加成功！", vbOKOnly + vbInformation
            Close #1                                            '关闭文件
        Else
            MsgBox "玩家姓名和所用时间不能为空！", vbOKOnly + vbInformation, "提示"
        End If
    End Sub
```

(5) 其余代码略。

5. 调试运行

运行程序，观察分析运行结果。

实训 7.1.3 已知某班学生成绩文件为"Grade.dat"，该文件有 6 个字段：姓名、语文、数学、英语、计算机、总分。"姓名"字段为 8 个字符的字符型，其余字段都是数值型。设该文件已经按照总分降序排序，输入一个总分，使用折半查找的方法查找该班是否存在该分数的人，若找到，输出该学生的情况，否则输出没有找到。运行效果如图 7.6 和图 7.7 所示。

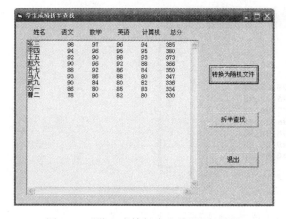

图 7.6 "学生成绩折半查找"运行效果

图 7.7 "折半查找结果"运行效果

【问题分析】

(1)由于该问题要使用折半查找的方法对文件进行操作,需要读取文件中某个指定的记录,而不是按顺序读取,因此需要将数据保存在随机文件中。

(2)通常我们建立的文本文件都是顺序文件,可先将学生成绩存储在文本文件中,在程序运行时,再将文本文件转换为随机文件。

(3)折半查找算法前面章节已经介绍过,在此直接使用。在单击"折半查找"按钮时,可首先弹出一个输入对话框,要求用户输入要查找的总分,再根据该输入成绩进行折半查找。如果找到,则将查找结果显示在"折半查找结果"窗体的对应文本框中。

(4)对随机文件操作的语句有:

①打开文件:

Open 文件名 [For Random] As [♯]文件号 Len=记录长度

②写随机文件:

Put[♯]文件号,[记录号],表达式

③读随机文件:

Get[♯]文件号,[记录号],变量名

④申请文件号:

FreeFile

⑤判断文件长度的函数:

LOF(文件号)

【设计步骤】

1. 界面设计

根据题目要求,设计界面。设计结果如图 7.6 和图 7.7 所示。

2. 建立文本文件

建立如图 7.8 所示的文本文件"yuan.txt",将学生信息(包括姓名和 4 门课程成绩)存放其中。

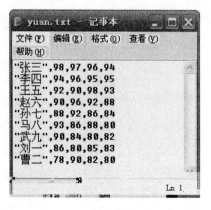

图 7.8 学生信息文本文件

3. 属性设置

属性设置如表 7.3 所示。

表 7.3　实训 7.1.3 对象属性设置

窗体	控件	属性	值
学生成绩折半查找窗体	窗体	Name	FrmZbcz
		Caption	学生成绩折半查找
	标签	Name	Label1
		Index	0～5
	文本框	Name	Text1
		Multiline	True
		ScrollBars	3-Both
	命令按钮	Name	CmdSjwj
		Caption	转换为随机文件
学生成绩折半查找窗体	命令按钮	Name	CmdSearch
		Caption	折半查找
		Name	CmdExit
		Caption	退出
折半查找结果窗体	窗体	Name	FrmResult
		Caption	折半查找结果
	标签	Name	Label1
		Index	0～5
	文本框	Name	TxtGrade
		Index	0～5
	命令按钮	Name	CmdReturn
		Caption	返回

4. 代码编写

(1)首先建立标准模块,并定义如下结构:

```
Type stdinfo                '自定义学生结构
    name As String * 8
    chinese As Integer
    math As Integer
    english As Integer
    computer As Integer
    sum As Integer
End Type
```

(2)编写"学生成绩折半查找"窗体中"转换为随机文件"按钮的单击事件代码。

分析：

在该事件中，需要将文本文件转换为随机文件，并将转换结果显示在文本框中。

首先要打开顺序文件和随机文件，通过循环从顺序文件中读取数据项到记录类型 stdinfo 的变量 std 中，并计算出该学生的总成绩，再将 std 变量中的数据写入到随机文件。之后将 std 中各数据项连接到文本框中显示。

文本框中信息要换行显示的话，需要在换行处连接上 Chr(13) & Chr(10)。

事件代码如下：

```
Private Sub Cmdsjwj_Click()
    Dim fileno1 As Integer, fileno2 As Integer
    Dim c As Integer
    fileno1 = FreeFile
    Open App.Path + "\yuan.txt" For Input As #fileno1
    fileno2 = FreeFile
    Open App.Path + "\Grade.dat" For Random As #fileno2 Len = Len(std)
    c = 1
    Do While Not EOF(fileno1)
        '从文本文件读数据到 std 中
        Input #fileno1, std.name, std.chinese, std.math, std.english, std.computer
        std.sum = std.chinese + std.math + std.english + std.computer
        '求总分
        Put #fileno2, c, std
        '将 std 写入到随机文件的 c 位置处
        c = c + 1
        Text1.Text = Text1.Text & std.name & Space(3)       '将信息连接到文本框中
        Text1.Text = Text1.Text & std.chinese & Space(6)
        Text1.Text = Text1.Text & std.math & Space(6)
        Text1.Text = Text1.Text & std.english & Space(6)
        Text1.Text = Text1.Text & std.computer & Space(6)
        Text1.Text = Text1.Text & std.sum & Chr(13) & Chr(10)  '回车换行
    Loop
    Close #fileno1
    Close #fileno2
End Sub
```

(3)编写"学生成绩折半查找"窗体中"折半查找"命令按钮的单击事件代码。

分析：

折半查找的思想前面已经讲过，在此略。

如果找到，则将结果显示在"折半查找结果"窗体的文本框中，若未找到，则提示未找到。

事件代码如下：

```vb
Private Sub Cmdsearch_Click()
    Dim fileno As Integer
    Dim low As Integer, mid As Integer, high As Integer
    Dim c As Integer
    fileno = FreeFile
    Open App.Path + "\grade.dat" For Random As #fileno Len = Len(std)
    high = LOF(fileno) Len(std)          '获得文件中记录数目
    c = InputBox("请输入一个总分:")
    Do While low <= high                  '进行折半查找
        mid = (low + high) \ 2
        Get #fileno, mid, std
        If std.sum > c Then
            low = mid + 1
        ElseIf std.sum < c Then
            high = mid - 1
        Else
            Exit Do
        End If
    Loop
    If low <= high Then
        '将信息显示在另外一个窗体的文本框中
        FrmResult.Txtgrade(0).Text = std.name
        FrmResult.Txtgrade(1).Text = std.chinese
        FrmResult.Txtgrade(2).Text = std.math
        FrmResult.Txtgrade(3).Text = std.english
        FrmResult.Txtgrade(4).Text = std.computer
        FrmResult.Txtgrade(5).Text = std.sum
        FrmResult.Show
    Else
        MsgBox "成绩" & c & "没有找到!", vbOKOnly + vbInformation, "提示!"
    End If
End Sub
```

(4)其他命令按钮代码略。

5.调试运行

运行程序,观察分析运行结果。

实训 7.1.4 在 Visual Basic 的位运算中,异或操作有这样一个特点:第 1 个数字和第 2 个数字进行异或操作得出第 3 个数字,将第 3 个数字和第 2 个数字再进行异或操作就可以还原出第 1 个数字。例如,二进制数 1011(第 1 个数)和 1000(第 2 个数),则

```
1011 Xor 1000 = 0011(第 3 个数)
0011 Xor 1000 = 1011(第 1 个数)
```

利用这样的原理可以进行简单的加密、解密工作。

设计一个程序，可以对任意选择的文件进行加密、解密操作。程序运行效果如图 7.9 所示。

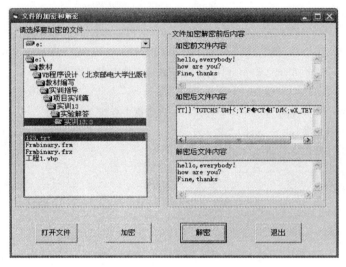

图 7.9 "文件的加密和解密"运行效果

【问题分析】

(1) 在该程序中因为要打开任意文件，因此，选择使用了和文件有关的几个控件，分别是驱动器列表框、目录列表框和文件列表框。

(2) 打开文件是根据选择的文件来打开并在文本框中显示出来的，同时加密、解密后也要显示文件内容，因此需要编写一个过程用来将文件内容显示在文本框中。

(3) 由于加密和解密算法是相同的，都是对文件中的字符逐个进行异或操作，因此也需要编写一个过程以完成加密、解密操作。

(4) 异或操作只对二进制数进行，所以文件应以二进制方式打开。

(5) 对二进制文件操作的语句有：

① 打开二进制文件：

　　Open 文件名 **For Binary As** [♯]文件号

② 写二进制文件：

　　Put [♯]文件号,[写位置],表达式

③ 读二进制文件：

　　Get [♯]文件号,[读位置],变量名

【设计步骤】

1. 界面设计

根据题目要求，设计界面，运行效果如图 7.9 所示。

2. 属性设置

属性设置如表 7.4 所示。

表 7.4 实训 7.1.4 对象属性设置

控件	属性	值
窗体	Name	FrmBinary
	Caption	文件的加密和解密
框架	Name	Frame1
	Caption	请选择要加密的文件
	Name	Frame2
	Caption	文件加密解密前后内容
标签	Name	Label1
	Index	0~2
文本框	Name	Text1~Text3
	Multiline	True
	ScrollBars	3-Both
驱动器	Name	Drive1
目录列表框	Name	Dir1
文件列表框	Name	File1
命令按钮	Name	CmdOpen
	Caption	打开文件
	Name	CmdCode
	Caption	加密
	Name	CmdUncode
	Caption	解密
	Name	CmdExit
	Caption	退出

3. 代码编写

(1)编写驱动器列表框和目录列表框的 Change 事件代码：

```
Private Sub Dir1_Change()
    File1.Path = Dir1.Path
End Sub
Private Sub Drive1_Change()
    Dir1.Path = Drive1.Drive
End Sub
```

(2)编写加密、解密过程，由于加密和解密算法是一样的，因此使用了同一个 Change 过程。

分析：

打开一个文件后,逐字节读取到一个变量中,将该字节与密钥进行异或后再写入到文件中。加密和解密使用相同的密钥。

需要定义一个 Byte 型变量,以存放从文件中读取的数据。

事件过程的代码如下：

```
Private Sub change(t As String)
    Dim fileno As Integer
    Dim ch As Byte
    Dim f1 As Long
    fileno = FreeFile
    '以二进制方式打开文件
    Open File1.Path & "\" & File1.filename For Binary As #fileno
    f1 = 1
    Do While f1 < LOF(fileno)
        Get #fileno, f1, ch           '读取一个字节存入 ch
        ch = ch Xor Asc(t)            '与密钥进行异或操作，加密或解密
        Put #fileno, f1, ch           '写入文件
        f1 = f1 + 1
    Loop
    Close #fileno
End Sub
```

(3)编写读取文件内容并在文本框中显示的过程 fileout。

分析：

由于是二进制文件，每次读取一个字节，需将该字节使用 Chr 函数转换成字符才能正确显示。

本实训中分别在 3 个不同的文本框中显示，因此可将文本框对象设置为过程参数。

事件过程代码如下：

```
Private Sub fileout(txt As TextBox)
    Dim fileno As Integer
    Dim ch As Byte
    Dim f1 As Long
    fileno = FreeFile
    Open File1.Path & "\" & File1.filename For Binary As #fileno
    f1 = 1
    Do While f1 < LOF(fileno)
        Get #fileno, f1, ch
        txt.Text = txt.Text & Chr(ch)     '在文本框中显示文件内容
        f1 = f1 + 1
    Loop
    Close #fileno
End Sub
```

(4)编写"打开文件"命令按钮的单击事件代码：

```
Private Sub Cmdopen_Click()
    Call fileout(Text1)
```

End Sub

(5) 编写"加密"和"解密"命令按钮的单击事件代码

  Private Sub Cmdcode_Click()
    Dim t As String
    t = InputBox("请你输入一个加密密钥")
    Call change(t)
    Call fileout(Text2)
  End Sub
  Private Sub Cmduncode_Click()
    Dim t As String
    t = InputBox("请你输入一个解密密钥")
    Call change(t)
    Call fileout(Text3)
  End Sub

4. 调试运行

本实训中所有加密和解密密钥都是"123"。运行时，可自行设定密钥。

三、实践提高

实训 7.1.5　使用文件系统对象实现对文本文件操作，包括创建文件、读取文件等。

【任务目标】

(1) 程序运行时的窗体界面如图 7.10 所示。

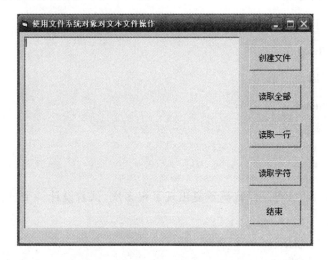

图 7.10　"使用文件系统对象对文本文件操作"运行效果

(2) 程序开始运行时，"读取全部"、"读取一行"和"读取字符"命令按钮无效。

(3) 单击"创建文件"命令按钮时，将文本框中数据写入到文件对象中。

(4) 单击命令按钮组中的"读取全部"、"读取一行"和"读取字符"命令按钮时，分别将文件中的全部、一行或指定个数的字符读入到文本框中。

【任务分析】

(1) 要使用文件系统对象编程,需要首先添加引用,然后声明相应的变量:

  Dim fso As New FileSystemObject　　　　　'声明一个 FSO 对象变量
  Dim fil As File　　　　　　　　　　　　　　'声明一个 File 对象变量
  Dim newstream As TextStream　　　　　　　 '声明一个 TextStream 对象变量

(2) 声明了变量之后,需要在相应的事件中,使用 Set 语句对其进行设置:
在 Form_Load 事件中:

  Set fso = CreateObject("Scripting.FileSystemObject")
  fso.CreateTextFile (App.Path + "\txttext.txt")

在"创建文件"命令按钮的单击事件中添加:

  Set fil = fso.GetFile(App.Path + "txttext.txt")　　'设置 File 对象
  Set newstream = fil.OpenAsTextStream(ForWriting)

在读取文件的命令按钮组的单击事件中添加:

  Set newstream = fil.OpenAsTextStream(ForReading)

(3) 读取文件中数据的方法有:
① 读取全部字符:

  newstream.ReadAll

② 读取一行字符:

  newstream.ReadLine

③ 读取指定数目的字符:

  newstream.Read(x)

(4) 关闭文件可用如下语句:

  newstream.Close

四、问题思考

(1) 在实训 7.1.2 中,有一段代码重复出现了很多次,试着设计一个过程,然后在需要的地方调用。

  Text1.Text = player(i)
  Text2.Text = time(i)

(2) 将实训 7.1.2 改为用文件系统对象编程实现对文件的操作,程序应该如何修改?

(3) 在实训 7.1.3 中,如果存放到"yuan.txt"文件中的学生总成绩是无序的,则应该如何处理?试先将学生总成绩进行排序,在生成学生成绩文件;或改用顺序查找的方法查找该班是否存在某分数以上的人。

(4)在实训 7.1.4 中,如果将加密、解密方法改为如下。
第一步:依次从文件的头尾取字符构成新的文件内容。
第二步:再将文件内容移位 6 个字符。
解密的过程正好相反。
试着按上述加密、解密方法完成实训 7.1.4 的功能。

五、实训练习

(1)在 C 盘的根目录中建立一个文件"test1.txt",在文件中输入一个正整数。编程建立窗体界面,当单击"计算"命令按钮时,从文件"test1.txt"中读入那个正整数,显示在文本框中,并计算该数的阶乘值,结果显示在另一个文本框中,然后把这个阶乘值写入 C 盘根目录下的一个新文件"testout.txt"中。如果文件"test.txt"中的数大于 12,显示一个"数据太大,不能计算"的消息框并关闭程序。

(2)在 C 盘的根目录中建立一个文件"test2.txt",在文件中输入一个只有字母的字符串(有双引号界定符)。创建窗体界面,编制程序。当单击一个命令按钮时,从文件中读入字符串并把它显示在一个文本框中。然后把字符串中的字符以 ASCII 码的顺序重新排列,结果在另一个文本框中显示,并写入到 C 盘根目录下的新文件"testout2.txt"中,要求无双引号定界符。

(3)编制一个"通讯录"程序,具有添加、删除和查询功能。

(4)编制一个"英汉词典"程序,要求使用随机文件,并具有添加词条、删除词条、词条查询等功能。

实训 7.2　菜单与对话框

一、实训目的

(1)掌握菜单的建立和使用。
(2)掌握通用对话框的使用。
(3)掌握自定义对话框的建立步骤。
(4)掌握 RichTextBox 控件的相关属性、事件、方法。

二、实训内容

实训 7.2.1　利用通用对话框及菜单制作一个图片浏览窗体,该窗体具有的功能有加载图片、清除图片、保存图片及调整图片尺寸(可调整为原始尺寸、50%、150%、200%),运行效果如图 7.11 所示。

【问题分析】

(1)利用通用对话框的"打开"对话框选择一幅图片,将其加载到 Image 控件中;利用"另存为"对话框将 Image 控件中显示的图片换名保存。

(a) 图片显示为原始尺寸

(b) 图片显示为原来的50%

图 7.11 "图片浏览"运行效果

(2)若想调整图片的尺寸,需要记录图片的原始尺寸。在原始尺寸下,Image 控件的 Strench 属性为"False",记录下原始尺寸后,在该原始尺寸的基础上放大、调小比例显示图片。

【设计步骤】

1. 界面设计

单击"工程"→"部件"命令,在"部件"对话框中选中"Microsoft Common Dialog Control 6.0"控件,单击"确定"按钮,将该控件加载到控件箱中。

在窗体上添加一个 Image 控件及一个通用对话框控件,对象名全部使用默认名字,并将通用对话框的 Filter 属性设置为"(*.bmp)|*.bmp|(*.jpg)|*.jpg"。

2. 菜单设计

按如表 7.5 所示进行菜单设计。

表 7.5 实训 7.2.1 的菜单结构

标题	名称	标题	名称
文件	file	调整	adjust
....打开	open	....原始	normal
....清除	clear	....50%	adj1
....保存	save	....150%	adj2
....退出	quit	....200%	adj3

3. 代码编写

(1)首先在通用窗口定义窗体级变量 h、w,分别代表加载图片的原始高度和宽度:

    Dim h As Integer

    Dim w As Integer

(2)文件菜单中各菜单项代码如下:

    Private Sub clear_Click()   '清除菜单

        Image1.Picture = LoadPicture("")

    End Sub

```
Private Sub open_Click()              '打开菜单
    CommonDialog1.Action = 1
    Image1.Picture = LoadPicture(CommonDialog1.FileName)
    h = Image1.Height
    w = Image1.Width
End Sub

Private Sub quit_Click()              '退出
    End
End Sub

Private Sub save_Click()              '保存图片
    CommonDialog1.Action = 1
    SavePicture Image1.Picture, CommonDialog1.FileName
End Sub
```

(3)调整菜单中各菜单项代码如下:

```
Private Sub adj1_Click()              '原始尺寸50%
    Image1.Stretch = True
    Image1.Width = w / 2
    Image1.Height = h / 2
End Sub
Private Sub adj2_Click()              '原始尺寸150%
    Image1.Stretch = True
    Image1.Width = w * 1.5
    Image1.Height = h * 1.5
End Sub
Private Sub adj3_Click()              '原始尺寸200%
    Image1.Stretch = True
    Image1.Width = w * 2
    Image1.Height = h * 2
End Sub
Private Sub normal_Click()            '原始尺寸
    Image1.Stretch = False
    Image1.Height = h
    Image1.Width = w
End Sub
```

4. 调试运行

运行程序,并加载一个图片,试调整各个比例的尺寸,观察程序运行效果。

实训7.2.2 完成Windows文本编辑器的编制,包含功能为:打开文件、保存、字体设置、颜色设置、复制、剪切、粘贴等,运行效果如图7.12所示。

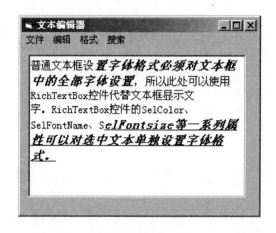

图 7.12 "文本编辑器"运行效果

【问题分析】

(1)使用通用对话框打开文件、保存文件以及文字颜色、字体的设置。

(2)在普通文本框中设置字体格式时,必须对文本框中的全部字体设置,所以此处使用 RichTextBox 控件代替文本框显示文字,以进行有选择地复制、字体设置等。RichTextBox 控件的 SelColor、SelFontName、SelFontsize 等一系列属性可以对选中文本单独设置字体格式。

【设计步骤】

1. 界面设计

首先在控件箱中添加通用对话框控件及 RichTextBox 控件(Microsoft Rich TextBox Control 6.0)。

将通用对话框及 RichTextBox 控件添加到窗体上。注意 RichTextBox 控件大小调整得要合适。

将通用对话框的 Filter 属性设置为"(*.txt)|*.txt|(*.rtf)|*.rtf"。

2. 菜单设计

按照如表 7.6 所示的菜单结构设计菜单。

表 7.6 实训 7.2.2 的菜单结构

标题	名称	有效	标题	名称
文件	mfile		格式	mformat
....新建	mnew		....字体颜色	mcolor
....打开	mopen		....字体	mfont
....保存	msave		搜索	msearch
....-	fg1		....查找	mfind
....退出	mquit		....查找下一个	mfindnext
编辑	medit			
....复制	mcopy	False		
....剪切	mcut	False		
....粘贴	mpaste	False		

3. 代码设计

(1) 定义窗体级变量 sFind 作为查找字符串：

    Dim sFind As String

(2) "文件"菜单中各命令的代码为：

```
Private Sub mnew_Click()            '新建
    RichTextBox1.Text = ""
End Sub
Private Sub mopen_Click()           '打开
    CommonDialog1.Action = 1
    RichTextBox1.FileName = CommonDialog1.FileName
End Sub
Private Sub msave_Click()           '保存
    CommonDialog1.Action = 2
    If CommonDialog1.FilterIndex = 1 Then
        RichTextBox1.SaveFile CommonDialog1.FileName, rtfText
    Else
        RichTextBox1.SaveFile CommonDialog1.FileName, rtfRTF
    End If
End Sub
Private Sub mquit_Click()           '退出
    End
End Sub
```

(3) "编辑"菜单中各命令的代码为：

```
'测试是否有文本被选中，如被选中，则复制、剪切变为有效状态。
Private Sub RichTextBox1_MouseMove(Button As Integer, Shift As Integer, x As Single, y As Single)
    If RichTextBox1.SelText <> "" Then
        mcut.Enabled = True
        mcopy.Enabled = True
    Else
        mcut.Enabled = False
        mcopy.Enabled = False
    End If
End Sub
Private Sub mcopy_Click()           '复制
    mpaste.Enabled = True
    Clipboard.Clear
    Clipboard.SetText RichTextBox1.SelText
End Sub
Private Sub mcut_Click()            '剪切
    mpaste.Enabled = True
    Clipboard.Clear
    Clipboard.SetText RichTextBox1.SelText
```

```
            RichTextBox1.SelText = ""
        End Sub
        Private Sub mpaste_Click()            '粘贴
            RichTextBox1.SelText = Clipboard.GetText
        End Sub
```

(4)"格式"菜单的各命令代码如下:

```
        Private Sub mcolor_Click()            '颜色设置
            CommonDialog1.ShowColor
            RichTextBox1.SelColor = CommonDialog1.Color
        End Sub
        Private Sub mfont_Click()             '字体设置
            CommonDialog1.Flags = &H3 Or &H100
            CommonDialog1.Action = 4
            RichTextBox1.SelFontName = CommonDialog1.FontName
            RichTextBox1.SelFontSize = CommonDialog1.FontSize
            RichTextBox1.SelBold = CommonDialog1.FontBold
            RichTextBox1.SelItalic = CommonDialog1.FontItalic
            RichTextBox1.SelUnderline = CommonDialog1.FontUnderline
            RichTextBox1.SelStrikeThru = CommonDialog1.FontStrikethru
            RichTextBox1.SelColor = CommonDialog1.Color
        End Sub
```

(5)"搜索"菜单中各命令代码如下:

```
        Private Sub mfind_Click()             '查找
            sFind = InputBox("请输入要查找的字、词:","查找内容",sFind)
            RichTextBox1.Find sFind
        End Sub
        Private Sub mfindnext_Click()         '查找下一个
            RichTextBox1.SelStart = RichTextBox1.SelStart + RichTextBox1.SelLength + 1
            RichTextBox1.Find sFind,,Len(RichTextBox1)
        End Sub
```

4. 运行调试

运行该程序,逐次执行各命令,观察程序运行结果。

三、实践提高

实训7.2.3 设计一个对一系列数据进行统计的程序,具体要求如下。
(1)随机产生10个数据,数据范围在0~100之间。
(2)统计其中的最大值、最小值及平均值。
(3)删除最大值、最小值。
(4)添加新的数据。

【任务目标】

(1)随机生成的 10 个数据放于列表框中。

(2)菜单项包含"数据"菜单及"统计"菜单,如图 7.13 所示。

(3)窗体中有 3 个文本框用来显示统计结果。

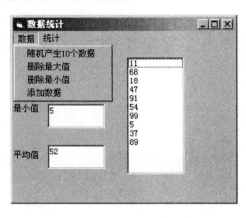

图 7.13 "数据统计"运行效果

【任务分析】

(1)随机生成的数据除了要在列表框中显示外,也要存储于某一个动态数组中,便于进行最大值、最小值及平均值的统计。

(2)要删除最大值或最小值,可以先在列表框中删除,并将删除后列表框中的数据存储到动态数组中。

四、问题思考

(1)仔细阅读实训 7.2.2 中的"搜索"菜单中的"查找"及"查找下一个"的代码,如果不能找到要查找的内容,应该显示什么提示?如何修改程序?

(2)为实训 7.2.2 增加弹出式菜单,包含"编辑"菜单中的各菜单项。

五、实训练习

把以前做过的实训汇总成一个工程,菜单运行效果如图 7.14 所示,当选择"实训一"菜单下的"实训 1.1"菜单时,执行原来已经编制好的实训 1.1 程序。

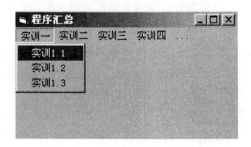

图 7.14 "程序汇总"运行效果

提示：

一个工程中可以有若干个窗体，但窗体名称不能相同，所以应在添加窗体前修改窗体的名称，不能再用默认的 Form1 。

执行了某个实训窗体后，仍要回到如图 7.14 所示的界面。

实训 7.3 多重窗体与多文档界面

一、实训目的

(1)掌握多重窗体和多文档的概念及其区别。
(2)掌握多重窗体的设计方法。
(3)掌握多文档的设计方法。
(4)学会选用适当的架构来编写程序。

二、实训内容

实训 7.3.1 设计一个学校运动会录入各运动员所报项目的程序，要求在录入窗体中录入运动员的姓名、性别、学院、所报项目，在显示窗体的列表框中显示，运行效果如图 7.15 所示。

(a) 主窗体

(b) 录入窗体

图 7.15 "运动会服名"运行效果

【问题分析】

(1)此程序需要用到多重窗体。在主窗体中通过单击"录入"命令按钮调用录入窗体，而录入窗体中显示的内容将在主窗体的列表框中显示。数据需要在两个窗体之间进行传递。

(2)在设计多重窗体程序时，有以下两个问题要注意：

①该工程内的每个窗体的 Name 属性不能相同，否则不能将现存的窗体添加进来。

②一个应用程序若具有多个窗体，它们都是并列的关系，在程序运行过程中，首先执行的

对象被称为启动对象。在缺省情况下,第 1 个被创建的窗体(默认名字为 Form1)指定为启动对象,即启动窗体。启动对象既可以是窗体,也可以是 Main 子过程。

【设计步骤】

1. 界面设计

(1)录入窗体的界面设计:在录入窗体中添加 4 个标签、2 个组合框、1 个文本框、2 个单选按钮和 2 个命令按钮,并按如表 7.7 所示设置属性。

表 7.7 实训 7.3.1 录入窗体的对象属性设置

对象名	属性名	属性值	对象名	属性名	属性值
Form2	Caption	录入窗体	Command1	Caption	录入
Label1	Caption	姓名		Default	True
Label2	Caption	性别	Command2	Caption	取消
Label3	Caption	学院		Cancel	True
Label4	Caption	所报项目	Option1	Caption	男
			Option2	Caption	女

(2)主窗体的界面设计:在主窗体中添加 3 个命令按钮和 1 个列表框,如图 7.15(a)所示,具体属性设置略。

2. 代码设计

(1)在录入窗体的通用过程中定义窗体级变量,将在不同的事件中被调用:

  '初始化四个全局变量,分别代表姓名、性别、学院、项目

  Dim sname

  Dim xb

  Dim xy

  Dim xm

  Dim slist

(2)在录入窗体的 Load 事件中对所涉及的组合框进行初始化:

  Private Sub Form_Load()

    '对学院列表框(Combo1)进行初始化

    Combo1.clear

    Combo1.AddItem "外国语学院"

    Combo1.AddItem "文法学院"

    Combo1.AddItem "建工学院"

    Combo1.AddItem "交通学院"

    Combo1.AddItem "冶金学院"

    Combo1.AddItem "理学院"

    Combo1.AddItem "经管学院"

    Combo1.AddItem "信息学院"

    Combo1.AddItem "信息学院"

    '对项目列表框(Combo2)进行初始化

```
        Combo2.clear
        Combo2.AddItem "铅球"
        Combo2.AddItem "铁饼"
        Combo2.AddItem "跳远"
        Combo2.AddItem "100 米"
        Combo2.AddItem "400 米"
        Combo2.AddItem "跳高"
        Text1.Text=" "
    End Sub
```

(3)"性别"单选按钮的单击事件代码如下：

```
    Private Sub Option1_Click()          '单选按钮"男"
        xb = Option1.Caption
    End Sub


    Private Sub Option2_Click()          '单选按钮"女"
        xb = Option2.Caption
    End Sub
```

(4)"学院"组合框及所报项目组合框的单击事件代码如下：

```
    Private Sub Combo1_Click()           '"学院"组合框
        xy = Combo1.Text
    End Sub


    Private Sub Combo2_Click()           '"所报项目"组合框
        xm = Combo2.Text
    End Sub
```

(5)"录入"命令按钮的单击事件代码如下：

```
    Private Sub Command1_Click()
        sname=Text1.Text
        slist=Trim(sname) & Space(2) & Trim(xb) & Space(2) & Trim(xy) & Space(2) & Trim(xm)
        Form1.List1.AddItem slist
        Unload Me
    End Sub
```

(6)"取消"命令按钮的单击事件如下：

```
    Private Sub Command2_Click()
        Form2.Show
    End Sub
```

(7)主窗体中各命令按钮的事件代码为：

```
    Private Sub Command1_Click()         '"录入"命令按钮
        Form2.Show
```

```
        End Sub
    Private Sub Command2_Click()        '"删除"命令按钮
        List1.RemoveItem (List1.ListIndex)
    End Sub
    Private Sub Command3_Click()        '"退出"命令按钮
        End
    End Sub
    Private Sub Form_Load()
        List1.AddItem "姓名    性别    学院    所报项目"
    End Sub
```

3. 调试运行

保存并运行程序，录入几条数据观察程序运行结果。

实训 7.3.2 设计一个多文档界面，可以打开多个子窗体，并能对打开的子窗体进行排列窗口操作，运行效果如图 7.16 所示。

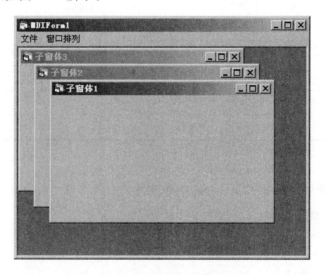

图 7.16 "多文档界面"运行效果

【问题分析】

(1)本程序需要用到 Visual Basic 中的多文档窗体。在 Windows 操作系统中，文档分为单文档(SDI)和多文档(MDI)两种。多文档界面，允许用户同时打开多个文件进行操作。

多文档界面由父窗体和子窗体组成，父窗体又称 MDI 窗体，是子窗体的容器。子窗体又称文档窗体，用于显示各自文档，所有子窗体具有相同的功能。子窗体始终处在主窗体内部，主窗体的位置移动会导致子窗体的位置发生相应变化。

(2)要实现"窗口"菜单中"层叠窗口"、"横向平铺"、"纵向平铺"等功能，需要在 MDI 子窗体中使用 Arrange 方法，其格式为：

MDI 窗体名.Arrange 方式

【设计步骤】

新建工程，将工程中的窗体的 MDIChild 属性设置为"True"，此时该窗体(Form1)被设置为子窗体。然后选择"工程"菜单中的"添加 MDI 窗体"命令,添加1个父窗体。

1. 菜单设计

分别为父窗体及子窗体设计菜单。父窗体的菜单结构如表 7.8 所示,子窗体的菜单结构如表 7.9 所示。

表 7.8 实训 7.3.2 父窗体的菜单结构

标题	名称
打开子窗体	sub1
退出	quit

表 7.9 实训 7.3.2 子窗体的菜单结构

标题	名称	备注
文件	file	
....打开	opennew	
....关闭	qt	
窗口	wdw	选中"显示窗口列表"复选框
....横向平铺	hor	
....纵向平铺	vow	
....层叠窗口	cas	

2. 代码设计

(1)在工程资源管理器中增加一个模块,该模块将在每次打开新子窗体时调用。

```
Public Sub filenewproc()
    Static no As Integer
    Dim newdoc As New Form1          'Form1 作为一个类出现
    no = no + 1
    newdoc.Caption = "子窗体" & no    '每个新建子窗体的窗体名
    newdoc.Show
End Sub
```

(2)父窗体中各菜单的代码为:

```
Private Sub quit_Click()              '退出
    End
End Sub
Private Sub sub1_Click()              '打开子窗体
    filenewproc
End Sub
```

(3)子窗体中各菜单的代码为:

```
Private Sub cas_Click()               '层叠窗口
```

```
        MDIForm1.Arrange 0
    End Sub
    Private Sub hor_Click()                '横向平铺
        MDIForm1.Arrange 1
    End Sub
    Private Sub opennew_Click()            '打开
        filenewproc
    End Sub
    Private Sub qt_Click()                 '关闭
        Unload Me
    End Sub
    Private Sub ver_Click()                '纵向平铺
        MDIForm1.Arrange 2
    End Sub
```

3. 调试运行

运行程序,并打开多个子窗体,进行窗体排列。

三、实践提高

实训 7.3.3 设计一个可以查询学生成绩的应用程序,要求由 3 个窗体构成,运行效果如图 7.17 所示。

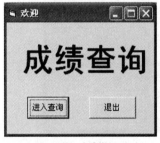
(a) 主窗体

(b) "查询"窗体

(c) "成绩单"窗体

图 7.17 "成绩查询"运行效果

【任务目标】

(1)第 1 个窗体为"欢迎"窗体,单击该窗体中的"进入查询"命令按钮,进入查询窗体。

(2)第 2 个窗体的列表框中列出学生的姓名,选中一个姓名,单击"查询"命令按钮后,调出"成绩单"窗体,显示选中学生的成绩。

【任务分析】

(1)在工程资源管理器中添加 3 个窗体,Form1 为主窗体,设置为启动对象。

(2)数据将在查询窗体和成绩单窗体间进行传递。为了能达到选中第 2 个窗体中的某一人名,在第 3 个窗体中显示其对应的成绩的功能,需要定义对应的存储成绩的数组。本题中显示了两科的成绩,所以可以定义 yy 数组存储英语成绩,sx 存储数学成绩。

四、问题思考

在实训 7.3.2 中增加一个为子窗体改变背景颜色的菜单,是增加在父窗体的菜单中还是增加在子窗体的菜单中?自己试一试。

五、实战训练

设计一个程序:第 1 个窗体为密码验证,密码正确可以进入第 2 个操作界面,如图 7.18 所示,具体功能如下。

(1)第 1 个窗体为登录窗体,输入正确的密码则进入操作界面,3 次密码不正确将强制退出。

(2)操作界面含"程序"、"附件"、"游戏"3 个菜单。"程序"菜单提供的功能为:可以打开 Word、Excel、PowerPoint 等应用程序。"附件"菜单提供的功能为:可以打开画图、记事本等程序。"游戏"菜单提供的功能为:可以打开扫雷、纸牌等游戏。

提示:

打开应用程序可以使用 Shell 函数。

(a) 登录界面

(b) 操作界面

图 7.18 多窗体实战训练运行效果

第 8 章　数据库程序设计

实训 8.1　数据库应用(1)

一、实训目的

(1)Visual Basic 外接程序 VisData 的使用。
(2)使用数据控件创建数据库浏览器。
(3)在数据库中查找信息。
(4)添加和删除记录。

二、实训内容

实训 8.1.1　使用 VisData 创建一个邮政编码及长途区号数据库,包括一个存储邮政编码和长途区号的数据表。

【问题分析】

(1)要建立数据库,首先分析数据表中都包含哪些信息。该实训中的数据表信息简单,可以只包括编号、地名、邮政编码、长途区号等字段即可。

(2)VisData 是 Visual Basic 的外接程序,使用它可以创建数据库与表、进行表的修改、利用 3 种记录集类型(表、动态、快照)和 3 种窗体类型(单个记录、数据控件和数据网格)进行数据浏览与修改、浏览所有对象的属性等。

【设计步骤】

1. 启动 VisData

在 Visual Basic 的设计环境中,单击"外接程序"→"可视化数据管理器"命令,即可启动 VisData 程序,如图 8.1 所示。

图 8.1　VisData 运行界面

2. 创建数据库

单击"文件"→"新建"→"Microsoft Access"→"Version 7.0 MDB"命令，打开"选择要创建的数据库"对话框。选择要创建数据库的位置，输入文件名，单击"保存"按钮创建一个空数据库。本实训数据库名称为"yzbm"。

3. 创建数据表

(1)在所建数据库中右击，选择"新建表"命令，如图 8.2 所示。

(2)通过添加字段，建立索引，表结构如图 8.3 所示。

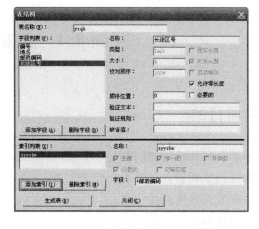

图 8.2 创建的空数据库　　　　　　图 8.3 "表结构"对话框

(3)单击"生成表"按钮，则数据表结构创建完成，如图 8.4 所示。

(4)单击工具栏上的按钮，分别选择记录集类型和数据控件类型，然后双击表名即可输入记录。工具栏上各按钮含义如图 8.5 所示。

图 8.4 生成的表结构　　　　　　图 8.5 工具按钮含义

(5)输入的记录如图 8.6 所示。

实训 8.1.2 分别使用 Data 控件和 DBGrid 控件设计程序来浏览各城市的邮政编码和长途区号信息。程序运行效果如图 8.7～图 8.9 所示。

第 8 章 数据库程序设计 · 127 ·

图 8.6 yzbm 表的记录

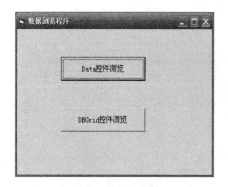

图 8.7 "数据浏览"主窗体

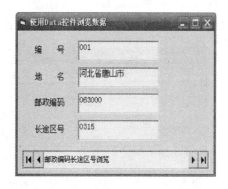

图 8.8 使用 Data 控件浏览数据

图 8.9 使用 DataGrid 控件浏览数据

【问题分析】

(1) 使用 Data 控件浏览数据,需要在窗体上添加一个 Data 控件,并设置其属性。

① Connect:连接数据库的类型。

②DataBaseName：连接数据库的名称。

③RecordSource：使用数据库中的数据表名称。

（2）Data 控件本身不能显示数据，必须使用数据绑定控件。可与数据控件绑定的控件对象有文本框、标签、图像框、图形框、列表框、组合框、复选框、网格、DBGrid 和 OLE 容器等。要使绑定控件能被数据库约束，必须在设计或运行时对这些控件的两个属性进行设置。

①DataSource 属性：通过指定一个有效的数据控件绑定控件连接到一个数据源上。

②DataField 属性：设置数据源中有效的字段使绑定控件与其建立联系。

（3）DataGrid 控件不能与 Data 控件绑定，但可与 ADO 控件进行数据绑定，ADO 控件用于连接数据源，而 DataGrid 控件以网格形式显示数据。两个控件都必须通过"工程"→"部件"命令添加。

【设计步骤】

1. 界面设计

根据题目要求，设计界面。首先设计主界面，只有两个命令按钮。

使用 Data 控件浏览数据的界面设计如图 8.10 所示。

使用 DataGrid 控件浏览数据的界面设计如图 8.11 所示。

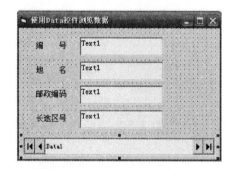

图 8.10 "使用 Data 浏览数据"界面设计　　8.11 "使用 DBGrid 浏览数据"界面设计

2. 属性设置

属性设置如表 8.1 所示。

表 8.1　实训 8.1.2 对象属性设置

窗体	控件	属性	值
使用 Data 控件浏览数据窗体	窗体	Name	FrmData
		Caption	使用 Data 控件浏览数据
	Data 控件	Name	Data1
		Connect	Access
		DataBaseName	yzbm.mdb
		RecordSource	yzqh
	文本框	Name	TxtBh
		DataSource	Data1
		DataField	编号
		Name	TxtDm

续 表

窗体	控件	属性	值
使用Data控件浏览数据窗体	文本框	DataSource	Data1
		DataField	地名
		Name	TxtYzbm
		DataSource	Data1
		DataField	邮政编码
		Name	TxtCtqh
		DataSource	Data1
		DataField	长途区号
使用DataGrid控件浏览数据窗体	窗体	Name	FrmGrid
		Caption	使用DBGrid控件浏览数据
	ADO控件	Name	Adodc1
		ConnectionString	Provider=Microsoft.Jet.OLEDB.3.51;Persist Security Info=False;Data Source=yzbm.mdb
		RecordSource	yzqh
	DataGrid控件	Name	DataGrid1
		DataSource	Adodc1
		HeadLines	2
		RowHeight	400

在使用 DataGrid 控件浏览数据窗体中,右击 DataGrid 控件,选择"检索字段"命令,然后适当调整标题的位置使其更美观。

设置 ADO 控件的连接字符串时,可右击 Adodc1,选择"ADODC 属性"命令,打开"属性页"对话框,选择"使用连接字符串"单选按钮,单击"生成"按钮。由于要连接的数据库是 Access 7.0 版本生成的,因此选择提供程序时,选择"Microsoft Jet 3.51 OLE DB Provider",选择数据库时,要使用相对路径。

3. 代码编写

只需在主界面的两个按钮单击事件中编写调用相应窗体的代码即可,其他地方不用编写代码,故略。

4. 调试运行

运行程序,观察分析运行结果。

实训 8.1.3 修改实训 8.1.2,使其能够完成数据库记录的添加、删除和查找操作。运行效果如图 8.12~图 8.13 所示。

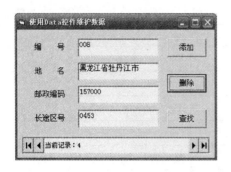
图 8.12　使用 Data 控件维护数据

图 8.13　查找数据提示信息

图 8.14　使用 DBGrid 控件维护数据

【问题分析】

(1)在使用 Data 控件时,如果将 EOFAction 属性设置为"2-AddNew",当移动到最后一条记录再按"下一个"按钮时,会增加一条新记录。在文本框中输入各字段的值,则记录会保存在数据库中。虽然能增加记录,但无法查找和删除记录。因此设计此实例,以练习 Data 控件管理数据时添加、删除和查找方法。

①记录的添加:

　　Data1. Recordset. AddNew

②记录的删除:

　　Data1. Recordset. Delete

③记录的查找:

　　Data1. Recordset. FindFirst
　　Data1. Recordset. FindLast
　　Data1. Recordset. FindNext
　　Data1. Recordset. FindPrevious

(2)DataGrid 控件和 ADO 控件进行绑定用以显示记录集,当将 DataGrid 控件的 Allow-

AddNew 和 AllowDelete 设为"True"时,与其对应的 ADO 控件使用相应的方法即可完成数据的添加和删除。其查找方法为 Find。

【设计步骤】

1. 界面设计

在实训 8.1.2 的基础上修改界面。分别在"使用 Data 控件浏览数据"和"使用 DBGrid 控件浏览数据"窗体上增加 3 个命令按钮,分别命名为 CmdAdd、CmdDel、CmdFind;CmdAddNew、CmdDelete 和 CmdSearch。

将两个窗体的 Caption 属性修改为"使用 Data 控件维护数据"和"使用 DBGrid 控件维护数据",主窗体上的两个命令按钮的 Caption 属性也进行相应的修改。

2. 代码编写

(1)先编写"使用 Data 控件维护数据"窗体中 3 个命令按钮的单击事件代码和 Data1 的 Reposition 事件代码:

```
Private Sub CmdAdd_Click()
    Data1.Recordset.AddNew           '增加一个新记录
End Sub
Private Sub CmdDel_Click()
    With Data1.Recordset
        .Delete                      '删除当前记录
        .MoveNext                    '移到下一条记录
        If .EOF Then .MoveLast       '如果已经到了末尾则移到最后一条记录
    End With
End Sub
Private Sub CmdFind_Click()
    Dim cond As String, bm As String
    cond = InputBox("输入查找条件:" & Chr(10) & Chr(13) & "(注:条件的格式为字段名=值." & _Chr(10) & Chr(13) & "例如:地名='河北省唐山市' 或者 地名 Like '*唐山*')", "信息维护程序")
    With Data1.Recordset
        bm = .Bookmark               '记录当前位置
        .FindFirst cond              '查找第 1 条匹配的记录
        If .NoMatch Then
            MsgBox "记录没找到!"
            .Bookmark = bm           '未找到返回原来的位置
        End If
    End With
End Sub
Private Sub Data1_Reposition()
    Data1.Caption = "当前记录:" & Data1.Recordset.AbsolutePosition + 1
End Sub
```

提示:

查找记录可以针对任意字段,只要输入正确的查找条件即可。

在 Data1_Reposition 事件中,将 Data1.Recordset.AbsolutionPosition 加 1 来表示当前记录的目的是为了符合惯例,因为记录号是从 0 开始的。另外动态记录集可以使用 AbsolutionPosition 属性,而表类型的记录集只能使用 PercentPosition 属性,要显示当前记录号的话,可以使用如下语句:

    Data1.Recordset.PercentPosition/100 * Data1.Recordset.RecordCount+1

(2)编写"使用 DBGrid 控件维护数据"窗体中 3 个命令按钮的单击事件代码:

```
Private Sub CmdAddnew_Click()
    DataGrid1.AllowAddNew = True
    Adodc1.Recordset.AddNew
    If DataGrid1.Columns(0) <> "" Then        '判断第 1 列数据是否为空
        Adodc1.Recordset.Update
    End If
End Sub


Private Sub CmdDelete_Click()
    bb = MsgBox("确实要删除记录吗?", vbYesNo + vbQuestion, "提示")
    If bb = vbYes Then
        DataGrid1.AllowDelete = True
        Adodc1.Recordset.Delete
        If Adodc1.Recordset.EOF Then
            Adodc1.Recordset.MoveLast
        End If
    End If
End Sub


Private Sub CmdSearch_Click()
    Dim cond As String, bm As String
    cond = InputBox("输入查找条件:" & Chr(10) & Chr(13) & "(注:条件的格式为字段名=值。" & _Chr(10) & Chr(13) & "例如:地名='河北省唐山市' 或者 地名 Like '*唐山*')", _"信息维护程序")
    With Adodc1.Recordset
        .Find cond                              '查找第 1 个匹配的记录
        If .EOF() Then
            MsgBox "记录没找到!"
            .MoveFirst
        End If
    End With
End Sub
```

3. 调试运行

运行程序,试着添加记录和删除记录。

如何操作才能保证数据正确保存呢?在 Data 控件的窗体上没有"保存新记录"命令按钮,

输入一条新记录后,必须再单击其他记录,新记录才能保存到数据库中。

在两个窗口中分别单击"查找"命令按钮,试着输入不同的查找条件,看结果如何?

三、实践提高

实训 8.1.4 编程创建数据库。

【任务目标】

(1)不使用 Access,而是直接编写程序创建数据库和数据表。

(2)当在指定位置数据库不存在时才创建。

【任务分析】

(1)首先设计好数据库中表的结构。

(2)使用程序代码创建数据库和数据表,要将对 DAO 的引用加入到工程中,其对象为"Microsoft DAO 2.5/3.51 Compatibility Library"。

(3)在窗体上添加一个按钮"创建数据库"命令按钮。

(4)编写如下事件代码:

```
Dim db As Database                                    '定义数据库对象
Dim td As TableDef                                    '定义表对象
Dim ix As Index                                       '定义索引对象
Private Sub CmdCreate_Click()
    On Error GoTo failure
    Set db = CreateDatabase(App.Path + "\video.mdb", dbLangChineseSimplified)
    '简体中文
    Set td = db.CreateTableDef("videos")              '建立表的名字
    With td
        .Fields.Append .CreateField("Title", dbText, 20)        '视频标题
        .Fields.Append .CreateField("Description", dbText, 100) '视频详情
        .Fields.Append .CreateField("Video", dbText, 50)        '视频文件名
    End With
    Set ix = td.CreateIndex("Title")
    ix.Primary = True
    ix.Unique = True
    ix.IgnoreNulls = False
    ix.Required = True
    ix.Fields.Append ix.CreateField("Title")
    td.Indexes.Append ix
    db.TableDefs.Append td
    db.Close
    MsgBox "数据库创建成功!"
    Exit Sub
failure:
    MsgBox "因某种原因,创建数据库失败,参考信息:" & vbCrLf, Err.Description
End Sub
```

四、问题思考

(1)在实训 8.1.2 中,如果均采用代码完成,设置 ADO 控件的属性和 DataGrid 控件的属性,应在什么事件中填写代码呢?如何编写代码?

(2)比较分析 Data 控件和 ADO 控件在使用上的不同?何时选择哪个控件更合适些?

五、实训练习

(1)设计一个"通讯录"数据库,编写一个软件,具有添加、删除和查找等功能。

(2)设计一个"英汉词典"数据库,编制一个"英汉词典"应用程序,并具有添加词条、删除词条、词条查询、浏览等功能。

实训 8.2　数据库应用(2)

一、实训目的

(1)用程序打开数据库并浏览库中数据。
(2)用 SQL 语句进行条件查询。
(3)用图表和报表显示分析数据。

二、实训内容

实训 8.2.1　编写程序,分别使用 DAO 对象和 ADO 对象打开数据库,并访问记录。程序运行效果如图 8.15 所示。

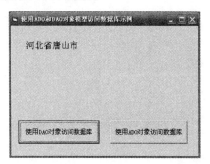

图 8.15　用不同的数据模型访问数据库示例

【问题分析】

(1)在 Visual Basic 6.0 中,可用的数据访问接口有 3 种:ActiveX 数据对象(ActiveX Data Objects,ADO)、远程数据对象(Remote Data Objects,RDO)和数据访问对象(Data Access

Objects,DAO)。数据访问接口是一个对象模型,它代表了访问数据的各个方面。

(2) DAO 对象的使用步骤:

首先定义数据库对象,然后定义记录集对象,使用 Set 语句设置数据库和数据表,之后就和直接使用 DAO 控件是一样的了。

(3) ADO 对象的使用步骤:

首先分别定义连接对象、记录集对象,定义一个新的连接,设置光标类型,打开数据库,使用 Set 设置一个新的记录集对象,并打开一个记录集。之后就可以和使用 ADO 控件一样访问其记录数据了。

【设计步骤】

1. 新建工程,添加引用

新建一个工程,包含 1 个窗体,有 2 个命令按钮和 1 个标签,命令按钮的 Caption 属性分别是"使用 DAO 对象打开数据库"和"使用 ADO 对象打开数据库"。

单击"工程"→"引用"命令,选择"Microsoft DAO 2.5/3.51 Compatibility Library"和"Microsoft ActiveX Data Objects 2.5 Library"复选框。如图 8.16 所示。

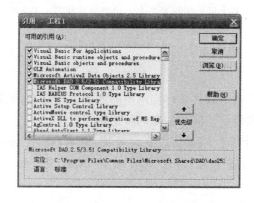

图 8.16 引用 DAO 和 ADO 对象

2. 代码编写

数据库采用实训 8.1.1 中有关邮政编码的数据库"yzbm.mdb",放在工程目录下。

只需编写两个命令按钮的单击事件代码,将打开数据库后取得的数据显示在标签上即可。

(1)"使用 DAO 对象访问数据库"命令按钮的单击事件代码如下:

```
Private Sub CmdDAO_Click()
    Dim daodb As DAO.Database                                '定义数据库对象
    Dim daors As DAO.Recordset                               '定义记录集对象
    Set daodb = OpenDatabase(App.Path + "\yzbm.mdb")         '打开数据库
    Set daors = daodb.OpenRecordset("yzqh", dbOpenDynaset)   '打开数据表
    If daors.RecordCount > 0 Then
        daors.MoveFirst
        daors.MoveNext
        Label1.Caption = daors.Fields(1)   '在标签上显示第 2 个记录的第 2 个字段的值
    End If
End Sub
```

(2) 使用 ADO 对象访问数据库的按钮单击事件代码如下：

```
Private Sub CmdADO_Click()
    Dim adocon As Connection                                    '定义连接对象
    Dim rsado As Recordset                                      '定义记录集对象
    Set adocon = New Connection                                 '定义一个新的连接
    adocon.CursorLocation = adUseClient                         '光标类型为客户
    adocon.Open "Provider=Microsoft.Jet.OLEDB.3.51;" & _
        "Persist Security Info=False;Data Source=yzbm.mdb"      '打开数据库
    Set rsado = New Recordset                                   '建立一个新的记录集对象
    rsado.Open "yzqh", adocon, adOpenDynamic, adLockOptimistic  '打开表
    If rsado.RecordCount > 0 Then
        rsado.MoveLast
        rsado.MovePrevious
        Label1.Caption = rsado.Fields(2) & " " & rsado.Fields(3)
        '在标签上显示倒数第2个记录的第3和第4个字段的值
    End If
End Sub
```

3. 调试运行

运行程序，并采用单步执行方式观察使用不同的数据模型访问数据库时各个对象的赋值情况，进一步熟悉不同对象模型访问数据库的程序编写过程。

实训 8.2.2 设计一个飞行航班信息查询系统，要求具有记录的增加、编辑、删除、查询等功能。"飞行航班信息查询系统"窗体如图 8.17 所示，"航班数据维护"窗体如图 8.18 所示。

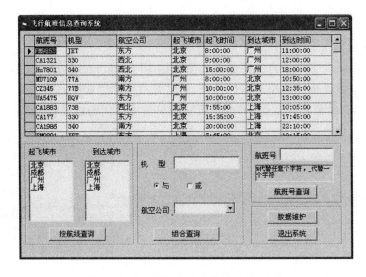

图 8.17 "飞行航班信息查询系统"窗体

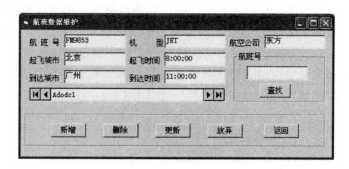

图 8.18 "航班数据维护"窗体

【问题分析】

(1) 要设计该系统,通过查看主界面可知:需要建立一个数据库,其中包含两张数据表,分别为"airplane"和"plane",数据库名称为"plane.mdb"。

"airplane"和"plane"的结构如表 8.2 和表 8.3 所示。

表 8.2 "airplane"表数据结构

字段名	字段类型	字段长度	说明
航班号	字符型	10	航班号为关键字
起飞城市	字符型	20	
到达城市	字符型	20	
起飞时间	日期时间型		
到达时间	日期时间型		

表 8.3 "plane"表数据结构

字段名	字段类型	字段长度	说明
航班号	字符型	10	航班号为关键字
机型	字符型	20	
航空公司	字符型	50	

(2) 要同时显示两个表中所有数据,需要进行 SQL 查询,并且是两个连接查询。另外,在查询时还有组合查询、模糊查询等,这就要用到 SQL 语句进行复杂查询。

SQL 查询语句的一般格式为:

  SELECT [ALL | DISTINCT] <目标列表达式 1> [,<目标列表达式 2>]…
  FROM <表名或视图名> [,<表名或视图名>]…
  [WHERE <条件表达式>]
  [GROUP BY <列名 1>]
  [HAVING <条件表达式>]]
  [ORDER BY <列名 2> **[ASC | DESC]**];

① 整个 SELECT 语句的含义是:根据 WHERE 子句的条件表达式,从 FROM 子句指定的基本表或视图中找出满足条件的记录,再按 SELECT 子句中的目标列表达式,选出记录中

的属性值形成结果表。如果有 GROUP BY 子句,则将结果按<列名 1>的值进行分组,该属性列值相等的记录为一个组,每个组产生结果表中的一条记录。通常会在每组中使用合计函数。如果 GROUP BY 子句带 HAVING 短语,则只有满足指定条件的组才予输出。ORDER BY 子句是排序子句,即对输出的目标进行重新排序。如果有 ORDER BY 子句,则最后结果表还要按<列名 2>的值的升序或降序排序。ORDER BY 不能按字符型、图像等数据类型排序。

当要查询所有字段时,使用通配符"*"。

注意:一个完整的查询语句,动词 SELECT 和子句 FROM 必不可少,其他均可省略。所有子句出现的顺序不可颠倒。

②模糊查询。使用 LIKE 可以用来进行字符串的匹配。模糊查询的一般语法格式为:

[NOT]LIKE <匹配串> [ESCAPE <换码字符>]

其含义是查找指定的属性列值与<匹配串>相匹配的记录。<匹配串>可以是一个完整的字符串,也可以含有通配符"%"和"_"。

● %(百分号):代表任意长度(长度可以为 0)的字符串。
● _(下划线):代表任意单个字符。

③连接查询。一个数据库中的多个表之间一般存在某种内在联系,它们共同提供有用的信息。连接是关系数据库模型的主要特点,也是它区别于其他类型数据库管理系统的一个重要标志。若一个查询同时涉及两个以上的表,则称之为连接查询。连接查询主要包括等值连接查询、非等值连接查询、自身连接查询、外连接查询和复合条件连接查询。一般情况下使用最多的是等值连接查询,即按照关键字值相等进行连接。

【设计步骤】

1. 设计数据库和表

建立数据库"plane.mdb",按照表 8.2 和表 8.3 建立表"airplane"和"plane"。

2. 界面设计

参照图 8.17 和图 8.18,设计查询界面和维护界面。

在飞机航班信息查询窗体上,主要有 ADO 控件、DataGrid 控件、列表框、组合框、单选按钮、文本框、标签和命令按钮等控件。

在航班数据维护窗体上主要有文本框、标签、ADO 控件、命令按钮等控件。

3. 代码编写

(1)飞行航班信息的查询通常可按航班查询、航线查询或航空公司查询。按航班查询只需要根据航班号从数据表筛选记录,可采用 Like 运算符构造查询条件。

```
Private Sub Command3_Click()
    If Txthbh <> "" Then
        Adodc1.RecordSource = "select airplane.航班号,plane.机型,plane.航空公司, _
        airplane.起飞城市,airplane.起飞时间,airplane.到达城市,airplane.到达时间 _
        from airplane,plane where airplane.航班号=plane.航班号 and airplane.航班号 _
        like '" & Txthbh.Text & "'"
    Else
        Adodc1.RecordSource = "select airplane.航班号,plane.机型,plane.航空公司, _
```

airplane.起飞城市,airplane.起飞时间,airplane.到达城市,airplane.到达时间 _
                from airplane,plane where airplane.航班号=plane.航班号"
        End If
        Adodc1.Refresh
    End Sub

注意：当用 Like 运算符实现模糊查询,如果 Select 语句判断有误,可在字段名上加上方括号。

(2)按航线查询代码如下：

    Private Sub Command1_Click()
        sc = LStart.Text   '起飞城市
        lc = LArrive.Text   '到达城市
        If sc > "" And lc > "" Then   '同时有起飞城市和到达城市
            tj = "select airplane.航班号,plane.机型,plane.航空公司,airplane.起飞城市, _
                airplane.起飞时间,airplane.到达城市,airplane.到达时间 from airplane,plane _
                where airplane.航班号=plane.航班号 and 起飞城市='" & sc & "' _
                and 到达城市='" & lc & "'"
        ElseIf sc > "" Then   '只有起飞城市
            tj = "select airplane.航班号,plane.机型,plane.航空公司,airplane.起飞城市, _
                airplane.起飞时间,airplane.到达城市,airplane.到达时间 from airplane,plane _
                where airplane.航班号=plane.航班号 and 起飞城市='" & sc & "'"
        ElseIf lc > "" Then   '只有到达城市
            tj = "select airplane.航班号,plane.机型,plane.航空公司,airplane.起飞城市, _
                airplane.起飞时间,airplane.到达城市,airplane.到达时间 from airplane,plane _
                where airplane.航班号=plane.航班号 and 到达城市='" & lc & "'"
        Else   '没有起飞城市和到达城市
            tj = "select airplane.航班号,plane.机型,plane.航空公司,airplane.起飞城市, _
                airplane.起飞时间,airplane.到达城市,airplane.到达时间 from airplane,plane _
                where airplane.航班号=plane.航班号 "
        End If
        Adodc1.RecordSource = tj
        Adodc1.Refresh
    End Sub

按航线查询需要起飞城市和到达城市的信息,可采用下拉列表提供航线信息。用户选择起飞城市和到达城市的信息值有 4 种组合：同时有起飞城市和到达城市、只有起飞城市或到达城市、起飞城市和到达城市都未选择。要针对这 4 种情况,构成不同的 SQL 查询命令,然后将查询结果以表格形式显示。

(3)组合查询。加入单选按钮后的组合查询有 5 种。

① 同时选择了"机型"和"航空公司",并选择"与"单选按钮。

② 同时选择了"机型"和"航空公司",并选择"或"单选按钮。

③ 只选择了"机型"。

④ 只选择了"航空公司"。

⑤ 既未选择"机型",也未选择"航空公司"。

```vb
Private Sub Command2_Click()
    If Txtjx <> "" Then                                '选择机型
        If Combo1.Text <> "" Then                      '选择航空公司
            If Optand.Value Then                       '同时满足机型和航空公司的选择
                tj = "select airplane.航班号,plane.机型,plane.航空公司,_
                airplane.起飞城市,airplane.起飞时间,airplane.到达城市,_
                airplane.到达时间 from airplane,plane where _
                airplane.航班号=plane.航班号 and 机型='" & Txtjx.Text & "'_
                and 航空公司='" & Combo1.Text & "'"
            ElseIf Optor.Value Then                    '机型或航空公司满足条件
                tj = "select airplane.航班号,plane.机型,plane.航空公司,_
                airplane.起飞城市,airplane.起飞时间,airplane.到达城市,_
                airplane.到达时间 from airplane,plane where _
                airplane.航班号=plane.航班号 and _
                (机型='" & Txtjx.Text & "' or 航空公司='" & Combo1.Text & "')"
            End If
        Else                                           '未选择航空公司
            tj = "select airplane.航班号,plane.机型,plane.航空公司,_
            airplane.起飞城市,airplane.起飞时间,airplane.到达城市,_
            airplane.到达时间 from airplane,plane where _
            airplane.航班号=plane.航班号 and 机型='" & Txtjx.Text & "'"
        End If
    Else                                               '未选择机型
        If Combo1.Text <> "" Then                      '选择了航空公司
            tj = "select airplane.航班号,plane.机型,plane.航空公司,_
            airplane.起飞城市,airplane.起飞时间,airplane.到达城市,_
            airplane.到达时间 from airplane,plane where _
            airplane.航班号=plane.航班号 and 航空公司='" & Combo1.Text & "'"
        Else                                           '未选择航空公司
            tj = "select airplane.航班号,plane.机型,plane.航空公司,_
            airplane.起飞城市,airplane.起飞时间,airplane.到达城市,_
            airplane.到达时间 from airplane,plane where _
            airplane.航班号=plane.航班号 "
        End If
    End If
    Adodc1.RecordSource = tj
    Adodc1.Refresh
End Sub
```

(4) 数据库连接与列表框和组合框填充,在 Form_Load() 事件中完成。

```vb
Private Sub Form_Load()
    Adodc2.ConnectionString = "Provider=Microsoft.Jet.OLEDB.4.0;Data _
```

Source=plane.mdb;Persist Security Info=False"
    '获得起飞城市
    Adodc2.RecordSource = "select distinct 起飞城市 from airplane"
    Adodc2.Refresh
    LStart.Clear
    While Not Adodc2.Recordset.EOF   '将起飞城市添加到列表框
        LStart.AddItem Adodc2.Recordset("起飞城市")
        Adodc2.Recordset.MoveNext
    Wend
    LArrive.Clear
    '获得到达城市
    Adodc2.RecordSource = "select distinct 到达城市 from airplane"
    Adodc2.Refresh
    While Not Adodc2.Recordset.EOF   '将到达城市添加到列表框
        LArrive.AddItem Adodc2.Recordset("到达城市")
        Adodc2.Recordset.MoveNext
    Wend
    Combo1.Clear
    '获得航空公司名称
    Adodc2.RecordSource = "select distinct 航空公司 from plane"
    Adodc2.Refresh
    While Not Adodc2.Recordset.EOF   '将航空公司添加到组合框
        Combo1.AddItem Adodc2.Recordset("航空公司")
        Adodc2.Recordset.MoveNext
    Wend
    Txtjx.Text = ""
    Txthbh.Text = ""
End Sub
```

(5)航班数据维护窗体的设计与代码编写,可参照教材,此处略。

**4. 调试运行**

首先在数据库表中输入一些记录,然后运行程序,观察查询结果是否符合要求。

**实训 8.2.3** 对飞行航班信息进行分类统计,并制作报表,效果如图 8.19~图 8.23 所示。

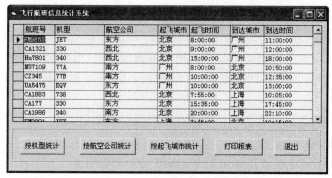

图 8.19 "飞行航班统计系统"主窗体
```

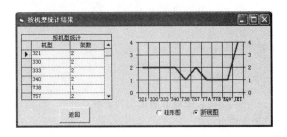

图 8.20 "按机型统计"窗体　　　　　　图 8.21 "按航空公司统计"窗体

航空公司飞行信息报表

航班号	机型	航空公司	起飞城市	起飞时间	到达城市	到达时间
FM9853	JET	东方	北京	8:00:00	广州	11:00:00
CA1321	330	西北	北京	9:00:00	广州	12:00:00
Hu7661	340	西北	北京	15:00:00	广州	18:00:00
CA1883	738	西北	北京	7:55:00	上海	10:05:00
CA177	330	东方	北京	15:35:00	上海	17:45:00
CA1988	340	南方	北京	20:00:00	上海	22:10:00
CZ6161	JET	南方	北京	8:40:00	成都	11:20:00
CA4114	757	西北	北京	12:00:00	成都	14:45:00
CA945	757	南方	北京	15:30:00	成都	10:10:00

总班次：9

图 8.22 "按起飞城市统计"窗体　　　　　　图 8.23 报表打印

【问题分析】

(1)该系统使用的数据库同实训 8.2.2。

(2)主界面上显示数据信息同实训 8.2.2,也是使用 DataGrid 控件和 ADO 控件进行绑定显示。

(3)要进行分类统计,只需使用 SQL 语句中的合计函数和分组即可。该实例中只是用到了统计个数函数,即 Count。

(4)要以图表形式显示数据,需要使用图表控件,只需在 Visual Basic 6.0 中单击"工程"→"部件"命令,在打开的"部件"对话框中选择"Microsoft Chart Control 6.0(OLEDB)"即可将其添加到工具箱中。在窗体上绘制一个图表控件后,设置其 DataSource,将图表和数据集绑定在一起,数据即可以图表形式显示出来了。单击单选按钮时,可改变图表的类型 ChartType。

(5)要创建报表,需要使用数据报表设计器 Data Report 和数据环境对象 Data Environment。

①创建数据环境:数据环境的主要功能在于对数据对象进行统一的设计和管理。使用数据环境设计器,可实现以下功能。

● 添加一个数据环境设计器到一个 Visual Basic 工程中。

● 创建 Connection 对象。

● 基于存储过程、表、视图、同义词和 SQL 语句创建 Command 对象。

● 基于 Command 对象的一个分组,或通过与一个或多个 Command 对象相关来创建 Command 的层次结构。

● 为 Connection 和 Recordset 对象编写和运行代码。

f. 从数据环境设计器中拖动一个 Command 对象中的字段到一个 Visual Basic 窗体或数据报表设计器。

在设计时,可以使用数据环境设计器创建一个 Data Environment 对象,可以包括 Connection 和 Command 对象、层次树型结构(Command 对象之间的关系)、分组和合计。在设计 DataEnvironment 对象之前,应当确定想要显示什么信息,标识包含该信息的数据库,并确定运行时的目标。

创建数据环境的步骤如下。

● 单击"工程"→"添加 DataEnvironment"命令,给工程添加一个数据环境。

● 设置 Connection 对象,右击 Connection 对象,并选择"属性"命令,打开"数据链接属性"对话框,按照向导依次选择提供程序、连接数据库的路径和名称,并测试是否连接成功。

● 添加 Command 对象,右击一个 Connection 对象,选择"添加命令"命令,添加一个 Command1 命令,右击该命令,选择"属性"命令,设置 Command1 属性,如图 8.24 所示。

在此要设置命令的名称,连接的 Connection 对象和数据源。另外,如果是多表,还可以设置其关联关系。若要进行分组,可通过"分组"选项卡进行设置。同时可以设置合计项目,包括求和、最大值、最小值等函数。

本实训中创建的数据环境很简单,创建好的效果如图 8.25 所示。

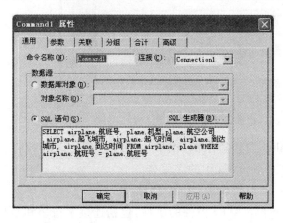 

图 8.24 "Command1 属性"对话框　　　　图 8.25 数据环境

创建了数据环境之后,就可以数据环境对象为数据源创建数据报表了。

②创建报表,创建步骤如下。

● 单击"工程"→"添加 Data Report"命令,将其添加到工程中。

● 设置 DataSource 属性为建立好的数据源对象,设置 DataMember 属性为一个 Command 对象。

● 设计报表标头、页标头、细节等,如果有分组,还要设计分组标头和注脚等。

● 需要对必要的控件设置其 DataField 属性,以将其和数据库中数据表的相应字段进行关联,显示数据。

● 可以使用 RptFunction 控件设计函数，先在报表设计器的一个适当的注脚部分绘制一个 Function 控件，设置 DataMember 和 DataField 属性为适当的值（来自相关数据环境 Command 对象的一个数值字段）。

● 设置 RptFunction 控件的函数类型，主要有 Sum 函数、Min 函数、Max 函数、Average 函数、Row Count 函数等。

【设计步骤】

1. 界面设计

参照图 8.19～图 8.23，设计主界面和其他统计界面以及报表。

图 8.20 和图 8.21 中的界面是类似的，都是使用 DataGrid 控件、ADO 控件和 MSChart 控件以及按钮控件。

图 8.22 没有使用 MSChart 控件。

数据环境设置结果如图 8.25 所示，报表的界面设计结果如图 8.26 所示。

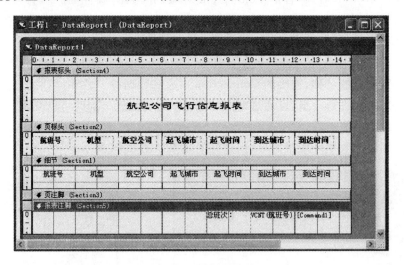

图 8.26 报表设计界面

其中，页标头中的文字是使用 RptLabel 控件显示的，细节中使用了 RptText 控件，并设置其 DataField 字段为相应数据环境对象 Command 中的字段名。

2. 代码编写

（1）主窗口中的代码很简单，只需先设计好 ADO 控件的属性，包括连接字符串和数据源，并将其和 DataGid 控件进行绑定即可。

```
Private Sub Form_Load()
    Adodc1.ConnectionString = "Provider=Microsoft.Jet.OLEDB.4.0;Data Source=plane.mdb; _
                Persist Security Info=False"
    Adodc1.RecordSource = "select airplane.航班号,plane.机型,plane.航空公司, _
        airplane.起飞城市,airplane.起飞时间,airplane.到达城市,airplane.到达时间_
        from airplane,plane where airplane.航班号=plane.航班号"
    Adodc1.Refresh
End Sub
```

(2)在"按机型统计"和"按航空公司统计"的窗体上,设置 Adodc1 的连接字符串和数据源,将 DataGrid 与其绑定,将 MSChart1 控件也与 Adodc1 进行绑定,即设置它们的 DataSource 属性为 Adodc1。

下面给出的是"按机型统计"窗体中的部分代码,其他统计窗体中的代码可参照设计完成。

```
Private Sub Form_Load()
    Private Sub Form_Load()
        Adodc1.ConnectionString = "Provider=Microsoft.Jet.OLEDB.4.0;Data Source=plane.mdb;_
                                   Persist Security Info=False"
        Adodc1.RecordSource = "select 机型,count(*) as 架数 from plane group by 机型"
        Adodc1.Refresh
End Sub
Private Sub Option1_Click()
    MSChart1.chartType = VtChChartType2dBar
End Sub
Private Sub Option2_Click()
    MSChart1.chartType = VtChChartType2dLine
End Sub
```

(3)编写"打印报表"命令按钮的单击事件代码,以显示报表:

```
Private Sub Cmdprint_Click()
    DataReport1.Show
End Sub
```

3. 调试运行

运行程序,观察运行结果。

三、实践提高

实训 8.2.4 设计一个多媒体信息管理系统,要求能将多媒体数据保存在数据库,并具有记录的增加、删除、统计和多媒体信息重现等功能。

【任务目标】

(1)程序运行时,首先将数据库中的多媒体文件信息以列表形式显示,效果如图 8.27 所示。

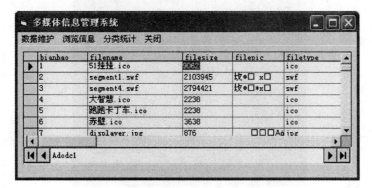

图 8.27 "多媒体信息管理系统"窗体

(2)"数据维护"菜单提供对多媒体数据的增加、删除和另存为文件操作(子菜单有"写入数据库"、"输出到文件"和"删除记录");"浏览信息"菜单显示数据库内的多媒体数据,可根据不同类型的多媒体文件,以不同的方式进行显示(在此可设计为"图形浏览"、"网页与动画浏览"和"显示全部数据");"分类统计"统计数据库内收录的各类媒体数据(可分别"按类型统计"和"按信息量统计")。

(3)当单击"浏览信息"→"图形浏览"命令时,只显示出图片文件,并可查看图形,效果如图8.28所示。

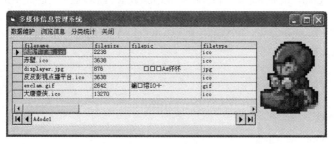

图 8.28　图形浏览

(4)当单击"浏览信息"→"网页与动画浏览"命令时,效果如图8.29所示。单击"网页与动画"命令按钮时,以网页形式打开选中的Flash动画或网页文件,如图8.30所示。

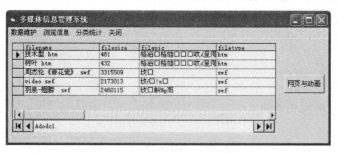

图 8.29　网页与动画浏览

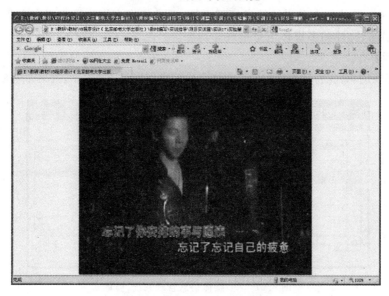

图 8.30　网页形式显示动画

(5)当单击"浏览信息"→"显示全部数据"命令时,又恢复到如图 8.27 所示的效果。

(6)当单击"分类统计"→"按类型统计"命令时,效果如图 8.31 所示。当单击"分类统计"→"按信息量统计"命令时,效果如图 8.32 所示。

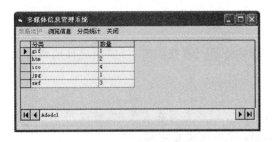 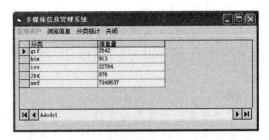

图 8.31　按类型统计　　　　　　　　　图 8.32　信息量统计

(7)选中一条记录,单击"数据维护"→"删除记录"命令,可删除一条记录。

(8)单击"数据维护"→"写入数据库"命令,会显示"打开"对话框,选择一个多媒体文件,将其写入到数据库中。

(9)单击"数据维护"→"输出到文件"命令,会打开"另存为"对话框,并默认以原文件名保存。

【任务分析】

(1)数据库表中要保存文件内容,因此设计一个字段类型为 OLE 对象。

(2)窗体大小是根据操作不同发生变化的,改变高和宽即可。

(3)设置 Image 控件的 DataSource 为 Adodc1,DataField 为文件内容字段。

(4)多媒体数据存入数据库是以二进制大型对象(Binary Large Object,BLOB)形式存入数据库的。在数据库中对 BLOB 数据的写入和读出操作通过 ADO 的 AppendChunk 方法和 GetChunk 方法。

① 把 BLOB 数据写入数据库。

ADO 的 AppendChunk 方法用于将 BLOB 数据追加到数据库的二进制字段内,其语法格式为:

   ADO 对象. Recordset. Fields(字段). AppendChunk Data

② 从数据库中读出 BLOB 数据。

使用 ADO 的 GetChunk 方法,其语法格式为:

   变量=ADO 对象. Recordset. Fields(字段). GetChunk(Size)

四、问题思考

(1)在实训 8.2.2 和实训 8.2.3 中,多次用到了 DataGrid 控件,另外有一个 MsFlexGrid 控件也可以用于以表格形式显示数据,查阅有关该控件的使用方法,将实训中的 DataGrid 控件修改为 MsFlexGrid 控件,应该如何设计和修改程序?

(2)在实训 8.2.3 中,可否进行多层次统计,如统计各航空公司不同机型的信息,或统计各起飞城市不同机型的信息?可考虑使用 MsFlexGrid 控件进行设计。

(3)在实训 8.2.3 中,报表可否设计得更复杂些? 例如,增加分组信息,按照起飞城市进行统计。

五、实训练习

(1)设计一个程序,用于管理自己的日记,程序应具备日记查找功能,可以指定日期或者关键字。

提示:

需要创建一个日期型字段来记录日期,日记的内容可以事先写在文件中(可以用 Word 等字处理程序),也可以在窗体上防止一个 RichTextBox 控件来实时输入。

(2)设计一个学生管理系统,可对学生信息、学生成绩、学生选课等信息进行管理,并对学生成绩进行统计,同时以图表、报表等形式显示学生成绩等信息。自行设计界面和功能。

第9章 多媒体程序设计

实训 9.1 图形与绘图操作

一、实训目的

(1) 了解 Visual Basic 的 3 种坐标系统,掌握建立自定义坐标系统的方法。
(2) 掌握控件缩放和移动的方法。
(3) 掌握利用图形方法在窗体或图片框(PictureBox)中进行几何图形的绘制。

二、实训内容

实训 9.1.1 模拟桌面的墙纸显示。在设置桌面属性时,桌面墙纸可以 3 种方式显示:"平铺"、"居中"、"拉伸"。运行效果如图 9.1 所示。

图 9.1 模拟墙纸显示效果

【问题分析】
(1) 该问题实际上是对磁盘文件中的图片进行绘制,可使用 PaintPicture 方法完成。

(2)图形平铺其实就是在窗体或图片框中绘制很多个图片,使用循环即可完成。
(3)图形居中显示就是在窗体或图片框的中心位置显示图片。
(4)图形拉伸则是将图片以窗体或图片框的大小来显示。
(5)PaintPicture 方法可以完成上述功能,其语法格式为:

[对象.]PaintPicture 图像,x1,y1,[目标图像宽度],[目标图像高度],_
　　　[x2],[y2],[源图像宽度],[源图像高度],[绘制方法]

此实训不需要进行图片的复制,因此只需使用:

[对象.]PaintPicture 图像,x1,y1,[目标图像宽度],[目标图像高度]

【设计步骤】
1. 界面设计
根据题目要求,设计界面。设计结果如图 9.1 所示。
2. 属性设置
属性设置如表 9.1 所示。

表 9.1　实训 9.1.1 对象属性设置

控件	属性	值
窗体	Name	FrmWall
	Caption	墙纸模拟
图片框	Name	Pic1
标签	Name	Label1
	Caption	选择墙纸显示方式
组合框	Name	Combo1

3. 代码编写
(1)定义变量:

```
Dim pic As Picture      '定义一个 Picture 类型的变量,用于选择图像文件
Dim w As Integer        '用于存放被选择图像文件的宽度
Dim h As Integer        '用于存放被选择图像文件的高度
```

(2)编写 Form_Activate 事件代码如下:

```
Private Sub Form_Activate()
    Set pic = LoadPicture(App.Path + "\displayer.jpg")   '载入图片文件
    w = pic.Width                                         '取得图片的宽度
    h = pic.Height                                        '取得图片的高度
    Combo1.Clear
    Combo1.AddItem "平铺"                                 '添加显示方式
    Combo1.AddItem "居中"
    Combo1.AddItem "拉伸"
End Sub
```

(3)编写组合框的单击事件代码如下:

```
Private Sub Combo1_Click()
    Dim i As Integer
    Dim j As Integer
    Pic1.Cls                              '选择一种新的显示方式时,清除掉原来的图像
    Select Case Combo1.ListIndex
    Case 0                                '选择平铺显示方式
        For j = 0 To Pic1.Height Step h
        For i = 0 To Pic1.Width Step w
            Pic1.PaintPicture pic, i, j, w, h
        Next i
        Next j
    Case 1                                '选择居中显示方式
        Pic1.PaintPicture pic, Pic1.Width / 2 - w, Pic1.Height / 2 - h, w, h
    Case 2                                '选择拉伸显示方式
        Pic1.PaintPicture pic, 0, 0, Pic1.Width, Pic1.Height
    End Select
End Sub
```

4. 调试运行

运行程序,观察分析运行结果。

实训 9.1.2 制作沿一定轨迹(如余弦曲线或正弦曲线)滚动的小球。运行效果如图 9.2 所示。

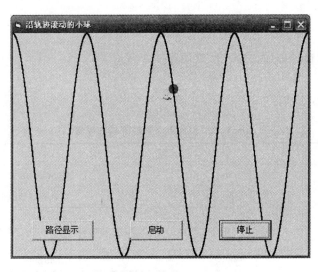

图 9.2 沿余弦曲线滚动的小球

【问题分析】

(1)本实训首先要绘制出曲线,然后小球在 Timer 控件的控制下沿着曲线轨迹进行滚动。

(2)要绘制如图 9.2 所示的曲线,需要自定义坐标系。自定义坐标系的语法格式为:

[对象.]Scale [(xLeft,yTop)－(xRight,yBottom)]

其中：

①对象：可以是窗体、图形框或打印机。如果省略对象名，则为带有焦点的窗体对象。

②(xLeft,yTop)：对象绘图区左上角在新的自定义坐标系统下的坐标。

③(xRight,yBottom)：对象绘图区右下角在新的自定义坐标系统下的坐标。

坐标系的定义可在 Form_Activate()事件过程中进行。

(3)绘制曲线主要使用 PSet 和 Line 方法来实现。

①PSet 方法的语法格式如下：

[对象.]Pset[Step](x,y)[,颜色]

②Line 方法的语法格式如下：

[对象.]Line[[Step](x1,y1)]－[Step](x2,y2)[,颜色][,B[F]]

(4)小球可通过 Circle 方法绘制，其语法格式为：

[对象.]Circle[Step](x,y),半径[,[颜色][,[起始角][,[终止角][,长短轴比率]]]]

(5)小球要运动起来，必须在以当前点为圆心绘制小球的同时，把前一个点为圆心的小球"隐藏"起来，即绘制时的"填充颜色"和"线条颜色"均为"窗体背景颜色"。以当前点为圆心的小球的"线条颜色"和"填充颜色"根据自己爱好选择即可。

(6)小球的运动是自动按时间间隔进行的，因此需要有一个 Timer 控件，并在 Timer 事件中要判断小球是否运动到曲线的末端。如果运动到末端，则将其返回到曲线开始处，重新开始向前运动。

【设计步骤】

1. 界面设计

根据题目要求，设计界面。设计结果如图 9.2 所示。

2. 属性设置

属性设置如表 9.2 所示。

表 9.2　实训 9.1.2 对象属性设置

控件	属性	值
窗体	Name	FrmGdball
	Caption	沿轨迹滚动的小球
	FillStyle	0-Solid
时钟	Name	Timer1
命令按钮	Name	CmdRoute
	Caption	路径显示
	Name	CmdStart
	Caption	启动
	Name	CmdStop
	Caption	停止

3. 代码编写

(1) 定义变量和常量：

```
Dim r As Double                      '小球的半径
Dim lcolor As Long                   '小球的线条颜色
Dim bcolor As Long                   '小球的填充颜色
Dim x1 As Double, y1 As Double       '绘制曲线或小球所用的坐标点
Const PI = 3.1415926
```

(2) 编写窗体的 Activate() 事件代码如下：

```
Private Sub Form_Activate()
    FrmGdball.Scale (-720, 0)-(720, -1)        '设置自定义坐标系
    Timer1.Interval = 500
    Timer1.Enabled = False
    x = -720                                    '设置小球的起始位置
    y = FrmGdball.ScaleHeight / 2 * (1 - Cos(-720 / 180 * PI))
    r = 20                                      '设置小球的半径
    lcolor = vbRed                              '线条颜色
    bcolor = RGB(255, 0, 255)                   '填充颜色
    FrmGdball.DrawWidth = 2                     '线宽
    FrmGdball.FillColor = bcolor
    FrmGdball.Circle (x, y), r, lcolor          '绘制小球
End Sub
```

在该事件中，主要实现时钟的初始化、自定义坐标系以及设置小球填充颜色、半径和起始位置。

(3) 编写"路径显示"命令按钮的单击事件代码。

分析：

路径显示就是绘制曲线，本实训中绘制的余弦曲线。

事件代码如下：

```
Private Sub CmdRoute_Click()
    For d = -720 To 720 Step 0.2                '绘制曲线
        x1 = FrmGdball.ScaleWidth / 1440 * d
        y1 = FrmGdball.ScaleHeight / 2 * (1 - Cos(d / 180 * PI))
        FrmGdball.PSet (x1, y1)
    Next
End Sub
```

(4) 编写 Timer() 事件代码。

分析：

首先判断小球是否运动到曲线的末端，如果是，则重新设置小球的起始位置，否则继续。同时要将原来的小球用窗体背景色隐藏起来，然后绘制新的小球。

事件代码如下：

```
Private Sub Timer1_Timer()
    x1 = FrmGdball.ScaleWidth / 1440 * x              '找到画新球之前的球圆心坐标
    y1 = FrmGdball.ScaleHeight / 2 * (1 - Cos(x / 180 * PI))
    FrmGdball.FillColor = FrmGdball.BackColor         '擦除原来的圆,使用窗体的背景色
    FrmGdball.Circle (x1, y1), r, FrmGdball.BackColor
    If Int(x) >= 720 Then                             '如果小球达到轨迹末端
        x = -720                                      '设为开始位置
        x1 = FrmGdball.ScaleWidth / 1440 * x
        y1 = FrmGdball.ScaleHeight / 2 * (1 - Cos(-720 / 180 * PI))
    Else                                              '如果未达到轨迹末端,则改变 x 的值
        x = x + 10
        x1 = FrmGdball.ScaleWidth / 1440 * x
        y1 = FrmGdball.ScaleHeight / 2 * (1 - Cos(x / 180 * PI))
    End If
    FrmGdball.FillColor = bcolor                      '绘制新的小球
    FrmGdball.Circle (x1, y1), r, lcolor
    Call CmdRoute_Click                               '调用绘制曲线的事件
End Sub
```

(5)其他按钮代码比较简单,此处略。

4. 调试运行

运行程序,观察分析运行结果。试着改变小球的半径和移动速度等。

实训 9.1.3 绘制分形图形,运行效果如图 9.3 所示。

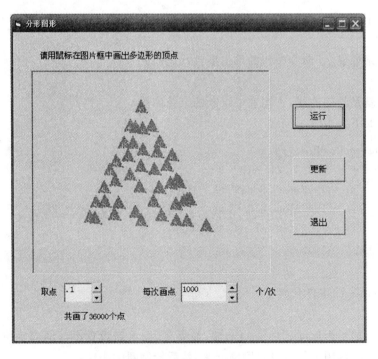

图 9.3 "分形图形"运行效果

从直观上来看,所谓分形,是指一些无法用常规的、传统的几何方法描述的图形。例如,树木花草、山川河流、烟雾云彩等是不规则的;晶体的生长,分子的运动轨迹等也是不规则的。它们不同于正方形、圆、直线等规则的几何图形,分形表现出某种混乱和不规则。

从理论上说,分形可以定义为"非整数维数的点集"。另一方面,分形图案具有一些有趣的特点,如自相似性、对某些变换的不变性、内部结构的无限性等。所谓自相似性,是指分形图案往往和它自身的一部分相似,换句话说,把它的一部分按一定的尺度放大,就又会得到它自身。此外,分形图案往往和一定的几何变换相联系,在这些变化下,图案保持不变,从任意的初始状态出发,经过若干次的这种变换,图形将固定在这个特定的分形图案上,而不再发生变化。

简而言之,分形图形有以下两个重要的特性。

(1)一个非常复杂且具有精细结构的图形可以用很少的非常简单的规则产生。

(2)分形图形结构的任何一部分,并且放大至足够倍数,就会出现与原图形一样的结构。这种特性称为自相似性。

【问题分析】

(1)给定平面上 n 个点 $a,b,c,\cdots$。用两个可调数组 Pointx 和 Pointy 分别存放 n 个点的横坐标和纵坐标。

(2)再随机取点(x_0,y_0),进行下列迭代:

$$x_{n+1}=\begin{cases}a_x+(x_n-a_x)\times\text{div}\\b_x+(x_n-b_x)\times\text{div}\\c_x+(x_n-c_x)\times\text{div}\\\vdots\end{cases} \quad y_{n+1}=\begin{cases}a_y+(y_n-a_y)\times\text{div}\\b_y+(y_n-b_y)\times\text{div}\\c_y+(y_n-c_y)\times\text{div}\\\vdots\end{cases}$$

按上述公式迭代数百次,将呈现出一个规则的图形,其中 div 用于控制新取点的比例。

(3)此实训需要运行多次,方可得到所需的分形图形。

【设计步骤】

1. 界面设计

根据题目要求,设计界面。设计结果如图 9.3 所示。

2. 属性设置

在此只介绍一下 UpDown 控件的使用,其余控件属性自行设置,略。

要使用此控件,首先单击"工程"→"部件"命令,选择"Microsoft Windows Common Controls-2 5.0",则在工具箱中就会添加该控件。该控件应与可显示信息的控件绑定才可正常使用,因此一般会在其左侧放置一个文本框等控件。

右击 UpDown 控件,选择"属性"命令,打开如图 9.4 所示的"属性页"对话框。选择"自动合作者"和"同步合作者",即将其与文本框 Text2 绑定在一起。

3. 代码编写

(1)定义变量:

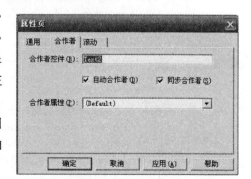

图 9.4　UpDown 控件属性页

```
        Dim pointx() As Integer, pointy() As Integer      '存放点坐标的数组
        Dim x0 As Integer, y0 As Integer, n As Integer    '用于迭代计算存放点坐标,n为顶点数目
        Dim div As Single, num As Long, total As Long, i%
```

(2) 编写 Form_Load 事件代码,主要进行初始化:

```
    Private Sub Form_Load()
        n = 0                                '记录 Picture 框中画过的多边形定点数
        total = 0                            '记录画过的点数
        div = 0.1                            '控制画点的比例
        num = 1000                           '每次画点的个数
        Text1.Text = 0.1
        Text2.Text = 1000
        UpDown2.BuddyControl = Text2
        UpDown2.Increment = 100
        UpDown2.Min = 1000
        UpDown2.Max = 10000
        Label5.Caption = ""
    End Sub
```

(3) 要首先使用鼠标在图片框中画点,代码如下:

```
    Private Sub Picture1_MouseDown(Button As Integer, Shift As Integer, X As Single, Y As Single)
        If Button = 1 Then
            n = n + 1                        'n记录画过的顶点数
            ReDim Preserve pointx(n)
            ReDim Preserve pointy(n)
            pointx(n) = X: pointy(n) = Y
            Picture1.PSet (X, Y), &HC000&
        End If
    End Sub
```

(4) 单击"运行"命令按钮时,则开始进行迭代画点,编写其单击事件代码如下:

```
    Private Sub CmdRun_Click()
        Dim j As Integer
        total = total + num                  '总数
        Label5 = "共画了" & total & "个点"
        Randomize
        If n <= 0 Then End
        j = Int(Rnd() * n) + 1               '随机产生下标j
        x0 = pointx(j): y0 = pointy(j)       '取随机一个顶点作为多边形内部点(x0,y0)
        j = Int(Rnd * n) + 1                 '再随机取一个点
        Rem 按比例求两点间的那一个点
        x0 = pointx(j) + (x0 - pointx(j)) * div
        y0 = pointy(j) + (y0 - pointy(j)) * div
        Picture1.PSet (x0, y0), &HC000&
        For i = 1 To num
            j = Int(Rnd * n) + 1
            x0 = pointx(j) + (x0 - pointx(j)) * div
            y0 = pointy(j) + (y0 - pointy(j)) * div
```

Picture1.PSet (x0, y0), &HC000&
            Next i
        End Sub

(5) 编写"更新"命令按钮的单击事件代码如下：

        Private Sub CmdUpdate_Click()
            Picture1.Cls
            n = 0
            total = 0
            Text1.Text = 0.1
            UpDown2.Value = 1000
            Label5.Caption = ""
        End Sub

(6) 编写 Text1 和 UpDown 的 Change 事件代码，就是分别设置控制新取点的比例和每次画点的个数，其代码如下：

        Private Sub Text1_Change()
            div = Val(Text1.Text)
        End Sub
        Private Sub UpDown2_Change()
            num = UpDown2.Value
        End Sub

4. 调试运行

在图片框中有规则的画点或任意画点，单击"运行"命令按钮后，观察图形变换情况。多次单击"运行"命令按钮，观察图形最终效果。

三、实践提高

实训 9.1.4 绘制魔幻圆和圆环图图形，运行效果如图 9.5～图 9.7 所示。

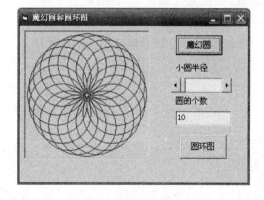

图 9.5 魔幻圆图形 1

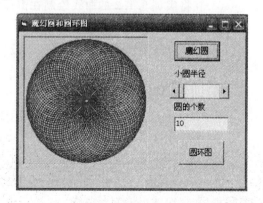

图 9.6 魔幻圆图形 2

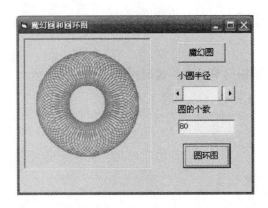

图 9.7　圆环图形效果

【任务目标】

(1)程序运行时,单击"魔幻圆"命令按钮,首先弹出一个输入框,用来输入等分圆的份数。输入的值不同,得到不同的魔幻圆。图 9.5 和图 9.6 分别是等分数为 20 和 80 的效果图。

(2)当设置了小圆半径和圆的个数后,单击"圆环图"命令按钮,画出如图 9.7 所示的圆环图。

【任务分析】

(1)构造魔幻圆的算法为:在图片框中将一个半径为 r 的圆平均等分 n 等份,以半径为 r 的圆周上的这 n 个等分点为圆心,绘制 n 个半径为 r_1 的圆。

(2)圆环图只是在构造魔幻圆的时候,在以半径为 r 的圆周上画的圆的半径小于 r 即可得到圆环图。

(3)使用同一个算法可完成上述 3 个图形的效果,只需改变半径 r 和 r_1 的值即可。

四、问题思考

(1)在实训 9.1.1 中,如果平铺图形的同时将图形放大两倍,应该怎么修改程序?

(2)在将实训 9.1.2 的曲线绘制在窗体的中间位置,而不是充满整个窗体,应该怎样设置坐标系呢?

(3)在实训 9.1.3 中,了解更多关于分形的问题,并试着编写绘制其他分形图形的程序。

五、实训练习

(1)李萨茹曲线的方程如下:

$$\begin{cases} x = a\sin 2t \\ y = a\sin 3t \end{cases} \quad (\text{其中 } a > 0)$$

编写程序,在窗体上绘制此曲线。

(2)绘制常用函数的曲线,如 $\sin x$、$\cos x$、$\tan x$、e^x、$\lg x$ 等。界面效果自行设计完成。

(3)制作小时钟,界面自行设计,包括如下内容。

① 自定义坐标系。
② 使用绘图方法画出表盘(如 Circle)、时针、分针、秒针和刻度(如 Line)。
③ 使用 Print 绘图方法输入对应的刻度文字,只写出小时数即可。
④ 添加一个 Timer 控件控制取得系统时间后,作用到相应的时针、分针、秒针上,移动表针的位置。

实训 9.2　多媒体应用

一、实训目的

(1) 学会使用 MMControl 控件播放波形声音文件。
(2) 学会使用 MediaPlayer 控件放映电影。
(3) 学会使用 ShockWaveFlash 控件播放 Flash 动画。

二、实训内容

实训 9.2.1　设计一个简单的 MP3 播放器,运行效果如图 9.8 所示。

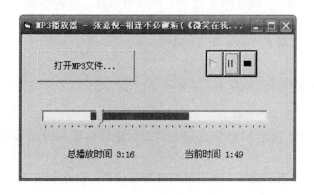

图 9.8　"MP3 播放器"运行效果

【问题分析】

(1) 要设计 MP3 播放器,要用到 MMControl 控件。该控件需要使用"工程"→"部件"命令,选择"Microsoft Multimedia Control 6.0"选项添加。

(2) 如果只显示播放器上的部分按钮,可在添加控件后右击,选择"属性"命令,打开"属性页"对话框,单击"控件"选项卡,如图 9.9 所示,取消选中不需要显示的按钮前的复选框即可。

(3) 该实训中要打开 MP3 文件,因此需要使用通用对话框控件,另外,还需要使用滑动条控制播放进度。这两个控件同样要使用"工程"→"部件"命令,分别选择"Microsoft Common Dialog Control 6.0"和"Microsoft Windows Common Control 6.0(SP6)"选项添加。

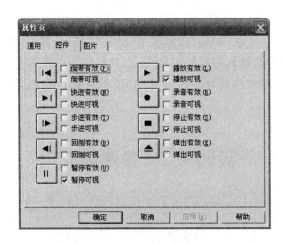

图 9.9　MMControl 属性页

(4)实训中除了要求正常播放外,还要求可通过拖动滑动条改变播放起始位置,更改播放进度。此时,需要将 Slider 控件的 SelectRange 属性设为"Ture",即:

　　Slider1.SelectRange=True

另外,本实训还要求能够选择播放的开始和结束位置,效果如图 9.8 所示。这就需要设计鼠标按下和弹起的事件代码,并在按下鼠标时按下键盘上的某个键。本例中为按下 Shift 键,当然在设计程序时也可以选择其他按键。

鼠标按下时,记录 Slider 控件的 SelStart,即起始位置。鼠标弹起时,记录 Slider 的 SelLength 属性。

设置 MMControl 控件的 From 和 To 属性:

　　MMControl1.From = Slider1.SelStart
　　MMControl1.To = Slider1.SelStart + Slider1.SelLength

(5)MMControl 控件主要属性:

①AutoEnable 属性:决定 MMControl 控件是否能够根据 MCI 设备类型自动启动或禁用控件中的某个按钮。

②DevieType 属性:用于设置一个有效的多媒体设备。语法格式为:

　　MMControl1.DeviceType=DevName

设备可以是:AVIVideo、CDAudio、DAT、DigitalVideo、MMMovie、Overlay、扫描仪、序列发生器、VCR、视盘或 WaveAudio。

③Command 属性:用于将 MCI 命令发送给该设备。要发送的命令有:Prev、Next、Play、Pause、Back、Step、Stop、Record 和 Eject。另外,还可以向控件发送一些通用 MCI 命令,包括 Open、Close、Sound、Seek 和 Save。

④Length 属性:规定打开的 MCI 设备上的媒体长度,单位为 ms。

⑤Position 属性:指定打开的 MCI 设备的当前位置,单位为 ms。

⑥FileName 属性:指定 Open 命令将要打开的或者 Save 命令将要保存的文件。如果在运行时要改变 FileName 属性,就必须先关闭然后再重新打开 MMControl 控件。

⑦From 属性和 To 属性:为 Play 或 Record 命令规定起始点和结束点。

【设计步骤】

1. 界面设计

根据题目要求,设计界面。设计结果如图 9.10 所示。

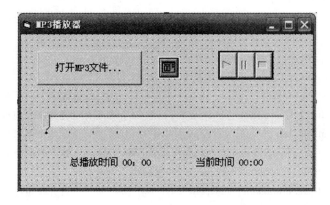

图 9.10 "MP3 播放器"界面设计

2. 属性设置

属性设置如表 9.3 所示。

表 9.3 实训 9.2.1 对象属性设置

控件	属性	值
窗体	Name	Frmplayer
	Caption	MP3 播放器
对话框	Name	CDialog
MMControl	Name	MMControl1
滑动条	Name	Slider1
	SelectRange	True
标签	Name	LblTotaltime
	Caption	总播放时间 00:00
	Name	LblCurtime
	Caption	当前时间 00:00
命令按钮	Name	CmdOpen
	Caption	打开 MP3 文件...

3. 代码编写

(1) 编写函数将"ms"转换为"00:00"的格式:

```
Function millstoms(ms As Long) As String
    Dim minute As Integer, second As Integer
    second = ms / 1000                          '求出总秒数
    minute = second / 60                        '求出有多少分钟
    second = second Mod 60                      '求出秒数
```

```
            millstoms = Format(minute) & ":" & Format(second, "00")    '合成字串
        End Function
```

(2) 编写"打开 MP3 文件..."命令按钮的单击事件代码：

```
        Private Sub Cmdopen_Click()
            Dim strfn As String                                         '为了在窗口标题中显示文件名定义
                                                                        '的变量
            CDialog.Filter = "MP3 歌曲文件|*.mp3"
            CDialog.DialogTitle = "指定要播放的 MP3 文件"
            CDialog.ShowOpen                                            '显示"打开"对话框
            MMControl1.Command = "Close"                                '先关闭先前可能打开的文件
            MMControl1.DeviceType = "MpegVideo"                         '设备类型,MP3 使用这个类型
            MMControl1.TimeFormat = mciFormatMilliseconds               '指定时间格式为 ms
            MMControl1.FileName = CDialog.FileName
            MMControl1.Command = "Open"                                 '打开指定的文件
            Slider1.Min = 0                                             '设置进度条
            Slider1.Max = MMControl1.Length                             '进度条最大值为媒体文件的总长度
            Slider1.LargeChange = Slider1.Max / 10                      '设置滑块的大步长值
            Slider1.SmallChange = Slider1.Max / 100                     '设置滑块的小步长值
            Slider1.TickFrequency = 6000                                '设置滑块的刻度单位(每分钟一个
                                                                        '刻度)
            '注:下面一行中的 MillStoMS()是将"ms"转换为"00:00"的函数
            LblTotaltime.Caption = "总播放时间 " & millstoms(MMControl1.Length)
            MMControl1.UpdateInterval = 100                             '每十分之一秒更新当前时间显示
            MMControl1.Command = "Play"                                 '打开后自动开始播放
            strfn = MMControl1.FileName                                 '取得完整的文件说明
            kk = InStrRev(strfn, "\")
            strfn = Right(strfn, Len(strfn) - kk)                       '只要文件名
            Me.Caption = "MP3 播放器 - " & strfn                         '将正在播放的文件显示在窗口标题
                                                                        '栏上
        End Sub
```

(3) 编写退出时的善后处理代码,在程序结束时关闭所用的 MCI 设备：

```
        Private Sub Form_Unload(Cancel As Integer)
            MMControl1.Command = "Close"
        End Sub
```

(4) 编写 MMControl1 控件的状态改变事件处理代码,更新滑动条和播放时间显示：

```
        Private Sub MMControl1_StatusUpdate()
            Slider1.Value = MMControl1.Position
            LblCurtime.Caption = "当前时间 " & millstoms(MMControl1.Position)
        End Sub
```

(5) 编写当用户直接拖动滑动条时的代码,将播放位置重新定位：

第 9 章 多媒体程序设计

```vb
Private Sub Slider1_Scroll()
    MMControl1.To = Slider1.Value
    MMControl1.Command = "Seek"
    'MMControl1.Command = "Play"         '如果定位后马上恢复播放,去掉该行注释
End Sub
```

（6）当用户要进行范围选择时,即设定播放的起止位置时,可通过按下键盘上的 Shift 键或其他键,然后拖动鼠标完成,设置 Slider 控件的 SelStart 属性和 SelLength 属性即可实现范围的选择。编写 Slider 控件的 MouseDown 和 MouseUp 事件代码：

```vb
Private Sub Slider1_MouseDown(Button As Integer, Shift As Integer, x As Single, y As Single)
    If Shift = vbShiftMask Then                '如果按住 Shift 键,则
        Slider1.SelStart = Slider1.Value       '设置 SelStart 数值
        Slider1.SelLength = 0                  '清除所有先前的选择
    End If
End Sub
Private Sub Slider1_MouseUp(Button As Integer, Shift As Integer, x As Single, y As Single)
    If Shift = vbShiftMask Then
        If (Slider1.Value > Slider1.SelStart) Then          '正向选择(从左至右)
            Slider1.SelLength = Slider1.Value - Slider1.SelStart    '求出实际长度
        Else                                   '反向选择的处理过程,比正向选择稍复杂些
            Dim oldstart As Long
            oldstart = Slider1.SelStart
            Slider1.SelStart = Slider1.Value   '将选择范围的起始端设置为当前位置
            Slider1.SelLength = oldstart - Slider1.Value
        End If
    Else
        Slider1.ClearSel                       '清除所有先前的选择
    End If
End Sub
```

（7）有了 Slider 的 SelStart 和 SelLength 属性,即可设置 MMControl 控件的 From 和 To 属性,从而实现任意范围内的媒体播放。但要注意,在设置 To 属性的时候,应该设置成 SelStart 和 SelLength 的和。因为 To 是绝对定位,而 SelLenth 只是相对长度。因此在单击 MMControl 控件的 Play 按钮时,事件代码如下：

```vb
Private Sub MMControl1_PlayClick(Cancel As Integer)
    MMControl1.From = Slider1.SelStart
    MMControl1.To = Slider1.SelStart + Slider1.SelLength
    MMControl1.Command = "Play"
End Sub
```

4. 调试运行

运行程序，观察分析运行结果。分别使用全部播放、拖动播放和选择播放来运行。

实训 9.2.2 设计一个多媒体播放器，能够播放各种音频、视频文件，并将播放过的曲目名称显示在右侧的播放列表中，同时在下侧显示正在播放的曲目名称。当在播放列表中选择曲目时能够自动开始播放。播放器运行效果如图 9.11 所示。

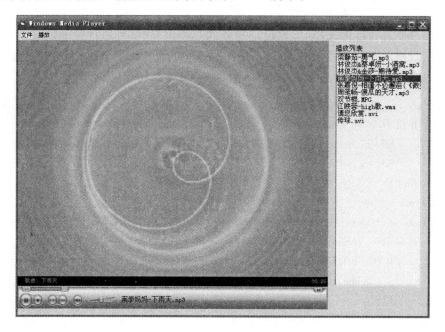

图 9.11 "多媒体播放器"运行效果

【问题分析】

（1）要设计一个多媒体播放器，既可播放音频文件也可播放视频文件，就要使用微软开发的 Windows Media Player 播放器。在使用前，需先将其添加到工具箱中。方法如下：单击"工程"→"部件"命令，打开"部件"对话框，选中"Windows Media Player"复选框。

（2）Windows Media Player 控件常用的属性和方法：

①URL 属性：指定要播放的多媒体文件的路径，可以是本地资源，也可以是网络上的资源。设置该属性即可播放指定的媒体。

②uiMode 属性：设置播放器的界面模式。共有 4 种：Full——全屏模式；Mini——最小模式；None——无下方工具栏模式；Invisible——不可见模式。

③playState 属性：表示播放状态。共有 6 种：1——停止；2——暂停；3——播放；6——正在缓冲；9——正在连接；10——准备就绪。

④Controls 成员属性和方法：Controls 成员主要功能是对播放器进行基本控制。其语法格式为：

  控件名.controls.属性名或方法名

- Controls.currentPosition 属性：表示当前进度。
- Controls.currentPositionString 属性：以字符串格式表示当前进度。
- Controls.play 方法：播放。

- Controls. pause 方法：暂停。
- Controls. stop 方法：停止。
- Controls. fastForward 方法：快进。
- Controls. fastReverse 方法：快退。
- Controls. next 方法：下一曲。
- Controls. previous 方法：上一曲。

⑤CurrentMedia 成员属性和方法：主要功能是对播放器的当前媒体属性进行基本控制。其语法格式为：

控件名. CurrentMedia. 属性名或方法名

- CurrentMedia. duration 属性：表示媒体总长度。
- CurrentMedia. durationString 属性：以字符串格式表示媒体总长度。
- CurrentMedia. setItemInfo(const string)方法：通过属性名设置媒体信息。
- CurrentMedia. name 属性：与 CurrentMedia. getItemInfo("Title")等价，即获取媒体标题信息。
- CurrentMedia. getItemInfo(const string)方法：获取当前媒体信息，其返回值与参数的字符串有关。

(3)每次打开文件，就要将文件名添加到播放列表中，而添加到播放列表中的只是曲目名称，不是完整的文件路径，因此需要设计一个数组用来存储与播放列表相对应的曲目文件完整路径。播放列表使用 List 控件即可。

【设计步骤】

1. 界面设计

根据题目要求，设计界面。设计结果如图 9.12 所示。另外，文件菜单下有"打开"和"退出"两个菜单项。

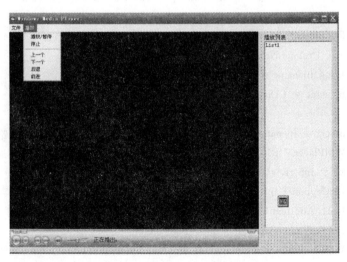

图 9.12 "多媒体播放器"设计界面

2. 属性设置

属性设置如表 9.4 所示。

表 9.4　实训 9.2.2 对象属性设置

控件	属性	值
窗体	Name	FrmWmplayer
	Caption	Windows Media Player
通用对话框	Name	CDialog
标签	Name	Lblcaption
	Caption	正在播出：
	Name	Label1
	Caption	播放列表
列表框	Name	List1
WindowsMediaPlayer	Name	WMPlayer
菜单	略	

3. 代码编写

(1)定义变量,用以保存相应信息：

```
Dim filename As String          '保存播放曲目的完整文件路径
Dim list(100) As String         '保存播放列表中所有曲目的完整文件路径
Dim ps As Boolean               '控制是播放还是暂停
```

(2)编写"文件"菜单中"打开"菜单项的单击事件代码,打开相应的曲目并开始播放,同时将其添加到播放列表中：

```
Private Sub M_open_Click()
    Static i As Integer
    CDialog.Filter = "mp3|*.mp3|wave|*.wav|madi(mid)|*.mid|midi(rmi)|*.rmi _
        |avi|*.avi|mpeg|*.mpg|wma|*.wma"
    CDialog.ShowOpen
    On Error Resume Next
    If CDialog.filename <> "" Then
        filename = CDialog.filename
        i = i + 1
        list(i) = filename                              '将第 i 个曲目的完整文件路径保存在数组中
        WMPlayer.URL = filename                         '设置 URL,即曲目的播放地址
        kk = InStrRev(filename, "\")
        LblCaption.Caption = Right(filename, Len(filename) - kk)    '获得曲目名称
        List1.AddItem LblCaption.Caption                '将曲目名称添加到播放列表中
        List1.Text = List1.list(List1.ListCount - 1)
        WMPlayer.Controls.play                          '开始播放
        ps = True                                       '控制是播放还是暂停
    End If
End Sub
```

(3)编写播放列表中 List 相的单击事件代码,以重新在播放列表中选择曲目进行播放：

```
Private Sub List1_Click()
    filename = list(List1.ListIndex + 1)
    WMPlayer.URL = filename
    kk = InStrRev(filename, "\")        '计算文件名中从第 1 个字符到最后一个"\"的长度
    LblCaption.Caption = Right(filename, Len(filename) - kk)
    WMPlayer.Controls.play
    ps = True
End Sub
```

(4)编写播放菜单下"上一个"和"下一个"的单击事件代码,以播放列表中的上一个曲目和下一个曲目:

```
Private Sub M_previous_Click()          '选择播放列表中的上一个曲目
    k = List1.ListIndex
    If k <= 0 Then                      '如果已到播放列表的第 1 个,则从后面选择
        k = List1.ListCount - 1
    End If
    List1.ListIndex = k
    filename = list(k)
    WMPlayer.URL = filename
    kk = InStrRev(filename, "\")
    LblCaption.Caption = Right(filename, Len(filename) - kk)
    WMPlayer.Controls.play
    ps = True
End Sub

Private Sub M_next_Click()              '选择播放列表的下一个曲目
    k = List1.ListIndex + 2
    If k >= List1.ListCount Then        '如果已到最后一个曲目,则从第 1 个开始
        k = 1
    End If
    List1.ListIndex = k
    filename = list(k)
    WMPlayer.URL = filename
    kk = InStrRev(filename, "\")
    LblCaption.Caption = Right(filename, Len(filename) - kk)
    WMPlayer.Controls.play
    ps = True
End Sub
```

(5)编写"播放/暂停"菜单项的单击事件代码。当前正在播放曲目时,单击该菜单命令则暂停。如果刚刚执行过暂停,则单击该菜单命令则继续播放。在此设置了一个变量 ps 以记录曲目播放的状态。

```
Private Sub M_plstop_Click()
```

```
        If ps Then                         '如果正在播放,则暂停
            WMPlayer.Controls.pause
            ps = False
        Else                               '如果暂停则开始播放
            WMPlayer.Controls.play
            ps = True
        End If
    End Sub
```

(6)自己写出其他几个菜单命令的代码。

4. 调试运行

运行程序,观察分析运行结果。

实训 9.2.3 设计一个如图 9.13 所示的 Flash 播放器,可在电脑上找到要播放的 Flash 文件自动播放,并进行一系列的操作。

图 9.13 "Flash 播放器"运行效果

【问题分析】

(1)要设计一个 Flash 动画播放器,就要使用 ShockWaveFlash 控件,单击"工程"→"部件"命令,选中"ShockWaveFlash"复选框,即可添加该控件到工具箱中。

(2)ShockWaveFlash 控件常用属性:

①Movie 属性:指定播放的 Flash 路径,可以为一个 URL,要关闭一个动画只要把它设为空即可。Movie 属性也可以在运行状态动态设定。

②Totalframes 属性和 Framenum 属性:表示当前播放动画的总帧数和当前正在播放的帧数。

③Playing 属性:布尔型,播放或暂停一个 Flash 动画。

④Loop 属性:布尔型,设置是否循环显示。

(3)ShockWaveFlash 控件主要方法:

①Play:开始播放动画,效果与 playing 属性取 True 相同。
②Stop:停止播放动画,效果与 playing 属性取 False 相同。
③Back:播放前一帧动画。
④Forward:播放后一帧动画。
⑤Rewind:播放第 1 帧动画。
⑥Zoom(percent as Integer):按百分比缩放。

【设计步骤】

1. 界面设计

根据题目要求,设计界面。设计结果如图 9.14 所示。

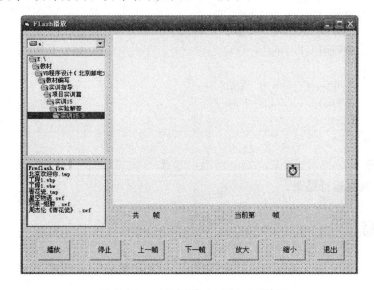

图 9.14 "Flash 播放器"设计界面

2. 属性设置

属性设置如表 9.5 所示。

表 9.5 实训 9.2.3 对象属性设置

控件	属性	值
窗体	Name	FrmFlash
	Caption	Flash 播放
驱动器	Name	Drive1
目录	Name	Dir1
文件	Name	File1
ShockWaveFlash	Name	SWFlash1
时钟	Name	Timer1
	Interval	500
命令按钮、标签	略	

3. 代码编写

本实训的代码相对简单，在此只给出部分代码，其余略。

```
Private Sub File1_Click()
    SWFlash1.Movie = Dir1.Path & "\" & File1.FileName
    Me.Caption = "Flash 播放器:" & File1.FileName
    SWFlash1.Playing = True
    Label1.Caption = "总帧数:" & SWFlash1.TotalFrames
    CmdPlay.Caption = "暂停"
End Sub
Private Sub CmdPlay_Click()
    If CmdPlay.Caption = "播放" Then
        CmdPlay.Caption = "暂停"
        SWFlash1.Playing = True
    Else
        CmdPlay.Caption = "播放"
        SWFlash1.Playing = False
    End If
End Sub
```

4. 调试运行

运行程序，观察运行结果。

三、实践提高

实训 9.2.4 使用 API 函数 PlaySound 设计一个"闹钟提醒"应用程序，效果如图 9.15 所示。

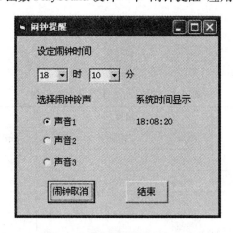

图 9.15 "闹钟提醒"运行效果

【任务目标】
(1) 程序运行时，显示系统当前时间，并在组合框中显示当前的时和分。
(2) 用户可选择闹钟铃声。
(3) 当单击"闹钟提醒"命令按钮时，闹钟开始有效，命令按钮标题变为"闹钟取消"。并在达到设定时间时，根据指定的声音闹铃响起。

第 9 章 多媒体程序设计

(4) 单击 "闹钟取消" 命令按钮时, 闹铃声音停止, 并且闹钟无效。

【任务分析】

使用 API 函数 PlaySound 可以播放 Wave 文件。

```
Public Declare Function PlaySound Lib "winmm.dll" _
    Alias "PlaySoundA" (ByVallpszName As String, _
    ByValhModule As Long, ByValdwFlags As Long) _
    As Long
```

在这一函数中, 第 1 个变量是名称, 包括运行的 Wave 文件的路径。第 2 个变量在运行文件时通常不使用, 所以可以将它赋值为 "0"。最后一个变量包含控制函数如何工作的标记。

为了当前的需要, 需要两个标记, 它们是:

①SND_ASYNC (value=1): 以异步方式运行, 这意味着当播放声音时函数在运行。

②SND_FILENAME (value = &H20000): 第 1 个变量为一个文件名。

所以, 以下代码播放了 "DingDong.wav" 文件中的声音:

```
PlaySound "dingdong.wav", CLng(0), SND_ASYNC Or SND_FILENAME
```

四、问题思考

(1) 在实训 9.2.1 中, 如果在播放声音的同时, 还能显示歌词字幕, 怎么修改程序? 上网查阅资料回答问题, 改写程序。

(2) 在实训 9.2.2 中, 如果每次打开时, 能显示上一次运行程序时的播放列表, 应如何修改程序?

(3) 实训 9.2.3 中, 如果能根据选择的文件类型不同进行播放, 如选择的文件是 Flash 文件, 则播放 Flash; 如选择的是视频文件, 则能播放视频; 如选择的是音频文件, 则也能播放音频, 程序该如何修改呢?

五、实训练习

(1) 编写一个模拟满天繁星的程序, 运行效果如图 9.16 所示。

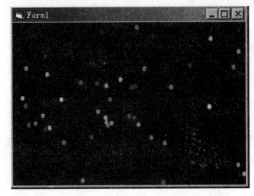

图 9.16 "满天繁星" 运行效果

提示：

①用 PSet 方法画点，把这些点作为星星，窗体是天空。

②通过时钟控件实现星星的不断生成，并限定这些点只能生成在窗体中。

③星星的位置和颜色都是随机生成的。

(2) 使用 Circle 方法在窗体上绘制如图 9.17 所示套环图案。

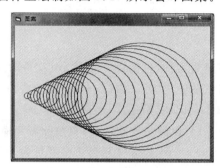

图 9.17 "套环图案"运行效果

提示：

①用 Scale 设置坐标原点和方向。

②圆心横坐标值在增大，纵坐标值不变。

③圆半径值在增大。

④调整好横坐标和圆半径的增大比例。如果半径设为 K，圆心的横坐标可为 $3K+1$，纵坐标不动。

⑤用循环控制画圆的个数。

(3) 设计一个简单的 MP3 播放器，运行效果如图 9.18 所示。

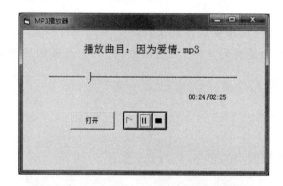

图 9.18 "MP3 播放器"运行效果

提示：

①音频文件可以通过 Windows MCI 控件实现。

②曲目播放的时间和总时间可以通过 Windows MCI 控件的 Position 属性和 Length 属性计算得到。

(4) 利用 Line 方法绘制一个魔幻正方形，使用滚动条设置正方形的个数和变化量，可产生不同的魔幻正方形。运行效果如图 9.19 所示。

提示：

在窗体上设置一个图片框，给定图片框的 4 个顶点 A、B、C、D，用数组 $x(5)$ 和 $y(5)$ 分别存放这 4 个顶点的横坐标和纵坐标：$A(x(1),y(1))$，$B(x(2),y(2))$，$C(x(3),y(3))$，$D(x(4),y(4))$。然后画一个正方形 $ABCD$。在 AB、BC、CD、DA 连线上按一定比例取 A_1、B_1、C_1、D_1 4 个点，用数组 $x_1(5)$ 和 $y_1(5)$ 分别存放这 4 个顶点的横坐标和纵坐标，计算公式如下：

$$x_1(j)=x(j-1)\times c_2+x(j)\times c_1 \qquad j=2,3,4,5$$
$$y_1(j)=y(j-1)\times c_2+y(j)\times c_1 \qquad j=2,3,4,5$$
$$c_1+c_2=1$$

再画一个正方形 $A_1B_1C_1D_1$。以此类推，一共画 n 个正方形，就形成了魔幻正方形。

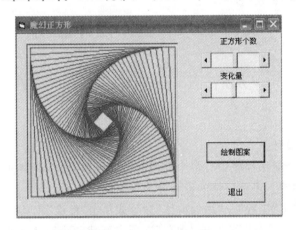

图 9.19 "魔幻正方形"效果图

(5) 利用 Windows Media Player 设计一个如图 9.20 所示的为媒体播放器。通过选择盘符、路径和文件，将所有播放的文件添加到组合框中，再选定一个要播放的文件，利用 Windows Media Player 播放器中的按键进行播放和其他操作。

提示：

注意 Drive、dir、File 的 path 对应，使用 Windows Media Player 控件的 Controls 成员属性控制播放，使用 URL 属性获得播放文件的路径。

图 9.20 "多媒体播放器"播放效果

第10章 综合设计

实训10.1 基本控件应用

一、知识点

1. 多重窗体程序设计

多重窗体是指一个应用程序中有多个并列的普通窗体,每个窗体可以有自己的界面和程序代码,完成不同的功能。多重窗体的设计分为以下两个方面。

(1)添加窗体。单击"工程"→"添加窗体"命令或单击"标准"工具栏上的"添加窗体"按钮,打开"添加窗体"对话框,选择"新建"或"现存"选项卡新建一个窗体或将已有窗体添加到当前工程中。

(2)设置启动对象。启动对象既可以是窗体,也可以是 Main 子过程。需要注意的是,Main 子过程必须在标准模块中,绝对不能放在窗体模块内。

设置启动对象的步骤是:单击"工程"→"工程属性"命令,打开"工程属性"对话框,选择该对话框中的"通用"选项卡。单击"启动对象"下拉列表框右侧的箭头,将显示当前工程中所有窗体的名称,选择作为启动窗体的名称,单击"确定"按钮即可。

2. 控件数组

控件数组是使用多个同种类型控件的有效方法。一个控件数组中各个控件的 Name 属性相同,下标(Index 属性)不同。与常规数组不同,一个控件数组的下标可以不连续。

在窗体上添加控件数组的方法有以下 3 种。

(1)在设计时添加一个控件,使用复制和粘贴的操作将生成下标从"0"开始且连续的控件数组。

(2)在设计时添加多个控件,然后通过"属性"窗口将这些控件的 Name 属性改为相同,Index 属性改为不同的下标值(可连续也可不连续)。

(3)通过 Load 语句在运行时为已有的控件数组动态地添加新元素。例如:

    Load CmdArray(5)

使用 Load 添加的新控件是不可见的,一般先通过程序设置其位置和外观,然后将 Visible 属性设为"True"使其可见。

在运行时,使用 Unload 语句卸载由 Load 语句添加的元素,但不能卸载设计时添加的元素。例如：

   Unload CmdArray(5)

控件数组被 Visual Basic 6.0 看作是一个集合，可以通过类似 CmdArray.Count、CmdArray.Ubound 和 CmdArray.Lbound 的方式得到一个控件数组当前的控件个数、最大和最小的下标，也可以使用 CmdArray.Item(i)的方式访问指定下标的控件，等价于 CmdArray(i)。

注意：不能使用 Ubound 和 Lbound 函数得到控件数组的下标上界和下界，如 Ubound(CmdArray)是错误的。

3. 时钟控件

时钟控件 能有规律地以一定的时间间隔激发 Timer 事件而执行相应的事件代码。这表明使用时钟控件可以反复多次地执行相同的程序，用控件的形式完成循环结构的功能。

时钟控件的主要属性和事件有：

(1) Interval 属性。用于设定时钟触发事件的时间间隔，单位为 ms。

(2) Enabled 属性。是一个逻辑值，值为"True"时，开始有效计时，到达计时则触发 Timer 事件；值为"False"时，停止时钟控件工作，不再触发事件。

(3) Timer 事件。每当经过一个 Interval 属性设定的时间间隔，就触发一次 Timer 事件。可以在 Timer 事件过程中编写代码，告诉计算机在一个时间间隔到来时该做什么。

4. 随机数生成

使用随机函数 Rnd(x)返回一个介于 0~1 之间（包括 0，不包括 1）的单精度随机数。参数 x 决定了 Rnd 生成随机数的方式：

(1) 如果 x<0，则根据 x 的值，返回一个特定的随机数。

(2) 如果 x>0 或省略，则返回随机序列中的下一个随机数。

(3) 如果 x=0，则返回与上一次产生的相同的随机数。

实际上，可以利用 Rnd 函数生成任意给定区间的值。

生成 M~N 之间的整数（包括 M 和 N）可以使用以下的语句之一：

   I=CInt(Rnd*(M-N))+N
   I=Int(Rnd*(M-N+1))+N

例如，下面表达式的值为 20~50 之间的随机整数：

   Int(Rnd*31)+20

可以使用下列语句生成一个随机的颜色：

   C=RGB(255*Rnd,255*Rnd,255*Rnd)

下面语句则可以生成一个随机的小写字母：

   Ch=Chr(25*Rnd+97)

为了使每次调用 Rnd 函数能产生不同的随机序列，在调用 Rnd 之前，可先使用无参数的 Randomize 语句初始化随机数生成器。

二、题目介绍

本设计题目要求设计一个供彩民买彩票时投注选号的程序。

目前,我国发行的彩票主要有两大类,即体育彩票和福利彩票,每一类彩票都有多种投注方法。

1. 体育彩票

体育彩票是经中国人民银行和国家体育总局批准,在全国发行的一种电脑型彩票,体彩公益基金主要用于全民健身等公益事业,体现了体育彩票"取之于民,用之于民"的宗旨。

体育彩票的投注方法有很多种,在进行程序设计时,可选其中的一种。下面就其中"传统型体育彩票"的投注方法进行介绍。

(1)传统型体育彩票每注2元,每张彩票目前可选5注。

(2)彩民自己选一个彩票号码,由6位数(自0~9十个数字中选出)和1个特别号码(自0~4五个自然数中选出)组成。特别号码放在6位自然数号码后,与6位自然数号码不形成排列或顺序关系。

(3)开奖时摇出一组6位数中奖号码及1个特别号码。例如,若摇出的中奖号码为123456,特别号为0,则中奖办法如下。

① 特等奖:彩票6位数号码与中奖号码排列相同且特别号码也相同,如彩票123456+0。

② 一等奖:彩票6位数号码与中奖号码排列相同,如彩票123456。

③ 二等奖:彩票号码中连续5位数号码与中奖号码相同且排列顺序相同,如彩票12345X,X23456。

④ 三等奖:彩票号码中连续4位数号码与中奖号码相同且排列顺序相同,如彩票1234XX,XX3456。

⑤ 四等奖:彩票号码中连续3位数号码与中奖号码相同且排列顺序相同,如彩票123XXX,X234XX,XX345X,XXX456。

⑥ 五等奖:彩票号码中连续2位数号码与中奖号码相同且排列顺序相同,如彩票12XXXX,X23XXX,XX34XX,XXX45X,XXXX56。

2. 福利彩票

福利彩票的发行以"扶老、助残、救孤、济困"为宗旨,是以筹集社会福利资金为目的而发行的,印有号码、图形或文字供人们自愿购买并按特定规则确定购买人是否获取奖金。

福利彩票的投注方法有很多种,如35选7、15选5、22选7等,下面介绍其中的35选7的投注方法。

(1)在1~35共35个自然数中选择任何7个数组合成1注进行投注,单注中数字不能重复出现。

(2)电脑机选最少1注,最多5注,这5注号码不能重复。

(3)开奖时由专用摇奖器摇出7个号码组成用于兑奖的中奖号码,则中奖方法如下。

① 一等奖:选取的号码与摇出的7个号码相同(不按照摇出的顺序排位)。

② 二等奖:选取的号码与摇出的任何6个号码相同(不按照摇出的顺序排位)。

③ 三等奖:选取的号码与摇出的任何5个号码相同(不按照摇出的顺序排位)。

④ 四等奖:选取的号码与摇出的任何4个号码相同(不按照摇出的顺序排位)。

⑤五等奖:选取的号码与摇出的任何3个号码相同(不按照摇出的顺序排位)。

三、功能要求

(1)在程序的启动窗体中要求可以选择进入"体育彩票"或"福利彩票"的抽奖界面,并将启动窗体的标题栏设置为"彩票选号小助手",同时要求界面设计中有图片作为背景。

(2)在启动窗体中选择"体育彩票"后,进入传统型体育彩票的选号窗口,如图10.1所示。在该窗体中,可单独投注,也可一次产生5注号码。

①单击"开始"命令按钮,则单选按钮所对应的那一注的各个号码开始滚动。当单击"停止"命令按钮后,左边窗口中的号码从左到右依次停止滚动,产生一注号码,其中最右边的特别号码只能是0~4中的一个,如图10.2所示。

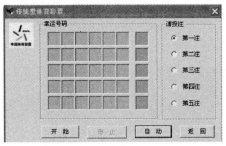

图10.1 "体育彩票"窗体

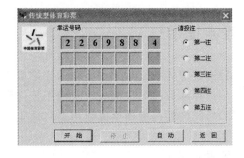

图10.2 产生一组号码

②单击"自动"命令按钮,则从上到下一次产生5注号码,如图10.3所示。
③单击每个数字方格可以改变此方格内的数字。
④单击"返回"命令按钮,则程序返回启动窗体。
(3)单击启动窗口中的"福利彩票",则进入如图10.4所示窗体。

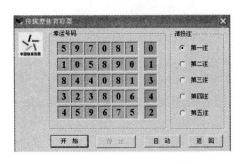

图10.3 自动产生全部号码

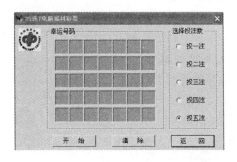

图10.4 "福利彩票"窗体

①使用单选框指定注数,同时左边的"幸运号码"区会相应地作出调整。例如,选择两注,则只显示两行空格;而选择4注,则产生4行空格,如图10.5和图10.6所示。

②单击"开始"命令按钮,则在"幸运号码"区域显示随机产生的号码,如图10.5所示。要求程序中每注所产生的7个投注号没有重复的数,显示时从小到大排列。若一次投注超过1注,则相互之间不能重复。

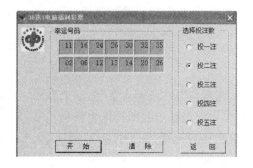
图 10.5　生成两注号码

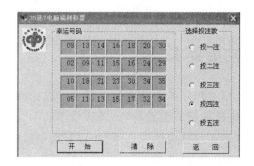
图 10.6　生成 4 注号码

③单击"清除"命令按钮,则清除显示内容,以便进行下次投注。
④单击"返回"命令按钮,则程序返回启动窗体。

四、难点提示

(1)选号窗体中显示幸运号码的控件可以选择标签或文本框,使用控件数组实现。
(2)选择注数的单选框按钮也使用控件数组实现。
(3)号码的随机滚动生成使用随机数生成函数 Rnd 和时钟控件完成。

五、更进一步

设计要求中只是生成了彩票号码,并不知道是否中奖。试着增加"开奖"命令按钮模拟开奖,然后根据前面所讲的规则判断所生成的彩票号码是否中奖以及中的是几等奖。

六、强化训练

设计一个打冰雹游戏。
(1)功能要求如下。
①设计如图 10.7 所示的界面。
②程序启动时,自动进入游戏状态,10 个不同颜色的圆球从窗口顶部向下运动。用户使用鼠标指向其中一个圆球,然后单击。如果击中圆球,则加 1 分,未击中则减 1 分,分数显示在"得分"文本框中。被击中的圆球立即消失,新的圆球从顶部落下。"所用时间"文本框中显示当前已用的时间。
③要求同时显示 10 个圆球,每个圆球的颜色和下落速度各不相同。窗口底部的箭头一直指向鼠标指针的方向。单击鼠标射击时,显示一条从箭头发出到达鼠标指针的直线表示子弹轨迹。
④程序共有 4 个难度等级,分别是"简单"、"中等"、"较难"和"高级"。默认的难度为"中等"。不同的难度等级对应不同的总体下落速度。在游戏过程中,随时可以通过"选择难度"组合框来改变难度级别。
⑤游戏开始时,提供的"能量数"是 5。如果有一个圆球落到地面,则减 1。当能量为 0 时,

显示如图 10.8 所示的消息框。然后，程序自动将难度改为"简单"，能量恢复为 5，得分从 0 开始让用户重新开始。

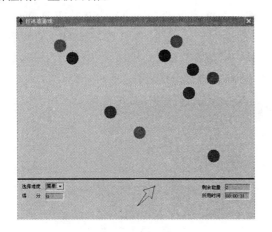

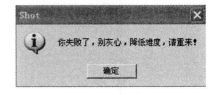

图 10.7 "打冰雹游戏"运行效果　　　　　　　图 10.8 "失败"提示

⑥在游戏过程中，当得分达到 25 分时，显示"表扬"信息（内容自定）；当得分达到 50 分时，显示"太棒了"相关信息（内容自定）；当得分达到 100 分时，提示"恭喜你过关了，增加难度，再继续！"，自动将难度设为"较难"；当得分达到 150 分时，自动将难度设为"高级"。

(2)难点提示如下。

①使用 Shape 控件数组来表示"冰雹"。

②使用随机函数使冰雹具有不同的颜色和速度；使用数组保存每个冰雹的速度。

③要用到多个时钟控件分别控制圆球下落和显示游戏时间。不同的难度等级对应时钟控件的不同 Interval 属性值。

④代表枪的箭头可以使用 6 条直线控件实现。在程序运行过程中，通过 MouseMove 事件得到鼠标指针的当前位置并不断地调整每条直线的位置使箭头总是指向鼠标指针。

实训 10.2　字符串处理

一、知识点

1. 文本文件的使用

Visual Basic 6.0 支持顺序文件、随机文件和二进制文件的读写操作。其中，顺序文件实质上是文本文件。文本文件可以直接使用"记事本"、"写字板"等文本编辑软件打开、编辑和保存。文本文件的优点是读写方式简单，可以方便地查看内容，易于多个程序共享；其缺点是相同的信息占用的磁盘空间比二进制文件大、保密性差。

对文本文件的操作通常有两种方法：一种是传统的 I/O 处理方法；一种是使用 FSO 对象模型进行编程。

对文件进行操作的传统方法通常包括如下 4 种。

(1)文本文件的创建。

可以使用 Visual Basic 6.0 的 Open 语句创建一个文本文件(For Output 或 For Append 模式),也可以使用"记事本"程序创建一个文本文件供 Visual Basic 6.0 程序读写。使用后一种方法时应注意,通过"另存为"对话框保存文件时,从"编码"下拉列表框中选择"ANSI",如图 10.9 所示。这是因为 Visual Basic 6.0 对 ANSI 编码格式支持得最好。

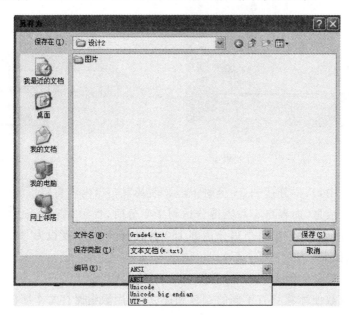

图 10.9　选择"ANSI"编码格式

(2)写文本文件。

使用 Print♯ 和 Write♯ 语句可以一次将多个数据写入文件中。如果是数组或自定义类型的变量,只能逐个元素保存。如果语句最后没有逗号或分号,则每一条写文件的语句会产生新的一行。

(3)读文本文件。

使用 Input♯ 语句可以方便地读入由 Write♯ 语句生成的文本文件,并且一次可以读入多个数据项,将那些非字符串数据(如日期时间型、逻辑型和数值型)由文本形式转换为本来的数据形式赋值给变量。

(4)文本文件中的行与整行读入。

文本文件中的"行"是因为其中包括了"回车换行符"(Chr(13)+Chr(10))。"记事本"等软件在显示文本内容时会在该"回车换行符"处另起一行。注意,这里指的"换行"是另起一段。

Print♯ 和 Write♯ 等语句在写数据时会自动插入"回车换行符"。使用 Line Input♯ 语句是以行为单位读入文本内容,以字符丢形式返回(不包括"回车换行符"),而不管原来行中的数据项。

2. 颜色的使用

(1)表示一个颜色的方法有以下 5 种。

①直接输入颜色值。可以用十六进制数按下述语法来指定颜色:

&HBBGGRR&

其中，**BB** 指定蓝颜色的值；**GG** 指定绿颜色的值；**RR** 指定红颜色的值。每个数段都是两位十六进制数，即从 **00～FF**，中间值是 **80**。

② 使用颜色常量。**Visual Basic** 中定义了 **8** 种颜色变量，对应 **8** 种基本颜色，如 **vbRed**、**vbYellow** 等。

③ 使用 **QBColor** 函数。**QBColor** 函数设置了 **16** 种颜色，格式为"**QBColor(Color)**"。其中，**Color** 是一个 **0～15** 之间的整数，每个整数代表一种颜色。

④ 使用 **RGB** 函数。**RGB** 函数格式为：

RGB(红色值，绿色值，蓝色值)

其中，RGB 函数的 3 个参数均为整数，取值范围为 0～255，代表混合颜色中每一种基本颜色的分量(亮度)。0 表示亮度最低，255 表示亮度最高。

⑤ 使用系统颜色。系统颜色是 Windows 界面元素的颜色，如桌面颜色、按钮颜色、菜单颜色等，这些颜色可以通过"控制面板"进行设置。Visual Basic 支持的系统颜色共有 25 个：&H80000000～&H80000018，它们的最高字节不是 0。例如，&H80000001 表示桌面颜色。所以，系统颜色不是"固定"的颜色，会随着系统的设置而变化。

(2) 常用的一些颜色属性。

① BackColor 属性。设置文字或绘图的背景色。窗体、图片框、框架、命令按钮、文本框、列表框、标签等对象具有此属性。

② FillColor 属性。决定绘图或图形的填充色。窗体、图片框和形状控件具有此属性。

③ ForeColor 属性。设置窗体、图片框、框架、文本框、列表框、标签等对象的文字颜色和绘图的边框颜色。

④ BorderColor 属性。设置直线、形状控件的边框线条颜色。

注意：

只有将命令按钮的 Style 属性设置为"1"(图形方式)时才能设置其背景颜色；

对于标签控件，将 BackStyle 属性设为"0"(透明背景)，会忽略其背景颜色；

对于窗体、图片框和形状控件，将 FillStyle 设置为"1"(透明填充)，将不显示填充色。

(3) 使用反色。

一个颜色的"反色"，指的是该颜色的颜色值二进制形式(除最高字节外)的所有位均取反(即 1 变 0，0 变 1)所得的颜色。例如，黑色 &H00000000 的反色是白色 &H00FFFFFF，蓝色 &H00FF0000 的反色是黄色 &H0000FFFF。在一种颜色的背景上使用它的反色输出文字或图形一般比较清晰。

使用下列语句可以得到一个颜色 C 的反色 R：

R = Not C And &H00FFFF

3. 动态数组的使用

为了节省内存并增加程序的灵活性，应使用动态数组保存被管理的数据，特别是自定义类型的动态数组。动态数组可以是局部或模块级的，但是在标准模块中定义全局动态数组还是最常用的方法。下面语句定义了一个全局动态数组：

Public dArray ( ) As NewType

为了提高程序的执行效率,应同时定义一个整型变量来记录动态数组的元素个数(因为 Ubound 和 LBound 函数执行速度较慢),例如:

Public RecNum As Integer

通常使用以下的格式对动态数组进行重定义(这里是增加一个元素,也可以增加多个):

RecNum = RecNum + 1
ReDim Preserve dArray(RecNum)

在程序需要时,可以使用 Erase 语句初始化一个动态数组,即清除其所有元素,例如:

Erase dArray
RecNum = 0

Erase 语句也可以用来初始化常规数组,这时只给数组各元素赋数据类型的默认值,并不清除数组元素。

4. 字符串处理

(1)定长字符串与变长字符串。

Visual Basic 允许程序将字符串类型定义为定长或变长。

定长字符串变量始终占用指定长度的内存,如果为其赋予一个小于其长度的字符串,其余部分将以空格填充。

变长字符串占用的内存大小随着被赋值的不同而变化。变长字符串变量除了占用保存字符所需的内存之外,还占用一些额外的内存用来管理其自身。

此外,变长字符串的处理速度也没有定长字符串快,所以在编程时如果一些信息的长度变化不大,尽量使用定长字符串变量来存储。

使用定长字符串变量时,经常需要用 Trim 和 RTrim 函数去除其结尾的空格。

在自定义数据类型中,一般采用定长字符串。

(2)特殊字符的表示。

有些控制字符是无法使用键盘直接输入到源程序中的,如回车符(ASCII 码为 13)和换行符(ASCII 码为 10)。一般情况下,可以使用 Chr 函数返回这些特殊字符,例如:

S = "A"& Chr(13)&"B"

也可以使用 Visual Basic 的内部常量来得到这些控制字符,如表 10.1 所示。

表 10.1 特殊字符的表示

常量	等价的字符	常量	等价的字符
vbCr	Chr(13)	vbNewLine	Chr(13)和 Chr(10)或 Chr(10)
vbCrLf	Chr(13)+Chr(10)	vbNullChar	Chr(0)
vbLf	Chr(10)	vbTab	Chr(9)

5. 使用通用对话框

打开文件、保存文件、选择颜色、选择字体、打印和打印设置等操作是大多数应用程序都具有的,通过通用对话框可以完成这些操作。Visual Basic 使用 ActiveX 控件提供了使用这些对话框的方法。

在 Visual Basic 6.0 中，单击"工程"→"部件"命令，在"部件"对话框中选中"Microsoft Common Dialog Control 6.0"可将 CommonDialog 控件（通用对话框控件）添加到工具箱中，该控件在程序运行时隐藏。

CommonDialog 控件可以显示"打开"、"另存为"、"颜色"、"字体"、"打印"、"帮助"等常用对话框。而当前显示哪一种对话框将由 CommonDialog 控件的 Action 属性或 Show 方法来决定。表 10.2 给出了通用对话框的 Action 属性和 Show 方法的说明。

表 10.2 Action 属性和 Show 方法说明

Action 属性	Show 方法	说明
1	ShowOpen	显示"打开"对话框
2	ShowSave	显示"另存为"对话框
3	ShowColor	显示"颜色"对话框
4	ShowFont	显示"字体"对话框
5	ShowPrinter	显示"打印机"对话框
6	ShowHelp	显示"帮助"对话框

除了 Action 属性外，通用对话框具有的主要共同属性还有以下 3 种。

(1) CancelError 属性。

通用对话框内有一个"取消"按钮，用于向应用程序表示用户想取消当前操作。当该属性为"Ture"时，在用户单击"取消"按钮时，将出现错误警告；该属性为"False"（缺省）时，单击"取消"按钮，不会出现错误警告。

(2) DialogTitle 属性。

每个通用对话框都有默认的标题，如"打开"对话框的标题是"打开"，"另存为"对话框的标题是"另存为"，但用户可以使用 DialogTitle 属性来设置对话框的标题。

(3) Flags 属性。

通用对话框的 Flags 属性可修改每个具体对话框的默认操作。

注意：

(1) 在调用 ShowOpen 方法之前，可以通过设置 Filter 属性为"打开"对话框指定文件类型。使用 Filter 属性可以同时显示多种类型的文件，但是要求用分号把多个类型分开。

(2) 可以在显示"字体"对话框之前，设置 Max 和 Min 属性，限制用户选择字号的范围。

(3) 在使用 ShowFont 方法之前，必须先设置 CommonDialog 控件的 Flags 属性为下列 3 个常数之一：1(屏幕显示字体)、2(可打印字体)或 3(可显示和可打印字体)。如果不设置 Flags 属性，将会提示"没有安装字体"的错误信息，并产生运行错误。

二、题目介绍

记忆单词是学习外语的必经之路。本题目要求编制一个能够帮助用户背单词的实用程序，程序具有滚动字幕功能。字幕的背景颜色、字体大小、滚动速度可以随时调整，并且在浏览过程中可暂停和继续。

三、功能要求

（1）程序的启动窗体如图 10.10 所示。

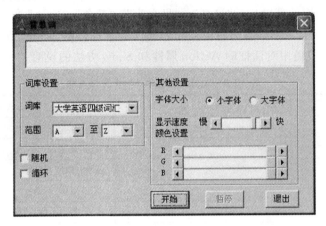

图 10.10　程序启动窗体

（2）本题目共提供了"大学英语四级词汇"和"大学英语六级词汇"两个词库文件（分别是"grade4.txt"和"grade6.txt"），通过"词库设置"中的"词库"组合框可以选择想要的词库，默认的词库是"大学英语四级词汇"。

（3）为了便于用户使用，程序允许选择想要记忆的单词范围。默认的单词范围是"A"至"Z"，即全部单词。如果选择的范围是"A"至"C"，则程序只显示 A、B 和 C 字母开头的单词。程序应保证"起始字母"在"终止字母"之前。

（4）通过"其他设置"中的"字体大小"单选按钮可以选择滚动单词时的字体大小；通过操作"显示速度"滚动条可以设置字幕滚动速度；通过设置 R（红）、G（绿）和 B（蓝）可以调节显示区域的背景颜色。

（5）根据需要选择"随机"或"循环"复选框。如果不选择"随机"复选框，则显示单词时是以单词在词库中的顺序即字母顺序显示的，否则以随机顺序显示。如果不选择"循环"复选框，单词显示一遍之后自动停止回到起始状态，如果选择了"循环"复选框，显示一遍之后则自动从头开始显示。

在随机方式下，循环是没有意义的，所以当选择了"随机"时，"循环"复选框应变为无效呈未选定状态。

（6）设置完毕后，单击"开始"命令按钮，窗体最上方显示区域从右向左以字幕方式动态显示所选的单词，包括词性和词义，如图 10.11 所示。在显示过程中可以改变字体大小、滚动速度和显示颜色。单击"暂停"命令按钮可以暂停滚动，这时"暂停"命令按钮变为"继续"，再次单击则继续滚动。单击"退出"命令按钮关闭程序。

（7）启动时如果在可执行文件的文件夹中未找到"grade4.txt"和"grade6.txt"文件，则显示提示信息并自动关闭程序。

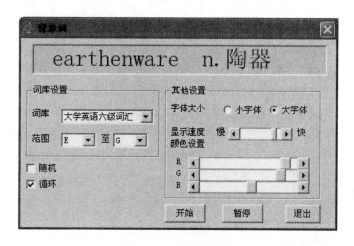

图 10.11 "背单词"运行效果

四、难点提示

(1) 本题目提供的两个词汇文件"grade4.txt"和"grade6.txt",均为文本文件,如图 10.12 所示,单词以字母为序,每个单独占一行。

(2) "颜色设置"中的 3 个滚动条用来调整字幕显示区域的背景色,分别指定颜色红、绿、蓝所占比例,可以使用 RGB 函数生成颜色。为了保证不论是什么背景色,单词都能清楚地显示,字幕的前景色也应该进行相应的变化,比较简单的方法是使用背景色的反色。

(3) 本程序这实现单词滚动是重点,比较简单的办法是在图片框中放置 1 个标签控件,标签在图片框中移动产生字幕效果。

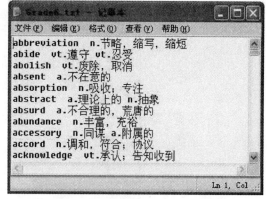

图 10.12 词汇文件的存储格式

五、更进一步

在本程序的基础上增加"生词本"的功能,便于以后可以单独记忆"生词本"中的单词。

六、强化训练

设计一个电子书。

(1) 功能要求如下。

① 设计如图 10.13 所示的程序界面。

② 程序启动后,"目录"、"内容"和"注释与题解"中均为空(不显示任何内容)。除了 按钮之外,其他按钮均无效。

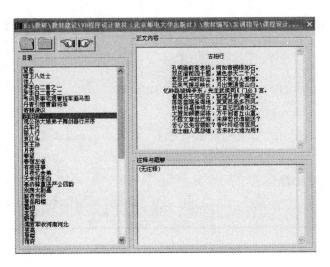

图 10.13 "电子书"运行效果

③单击 按钮，显示如图 10.14 所示的"打开"对话框，此对话框只显示扩展名为".cnt"的电子书目录文件名。从"打开"对话框中选择一个目录文件，单击"打开"按钮后，程序打开此目录文件和与其同名但扩展名为".txt"的正文文件，显示电子书的目录和内容。

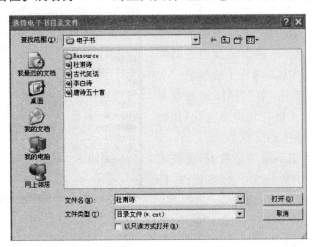

图 10.14 "打开"对话框

④打开诗词文件之后（见图 10.13），"目录"列表中显示电子书中内容的目录，单击其中一条，"正文内容"列表框和"注释与题解"列表框中分别显示此篇文章的正文和注释、点评等内容。

⑤只要有电子书打开，所有的按钮就都可以使用了，单击按钮 或 ，程序显示目录中前一篇或后一篇文章的内容。如果当前显示的是第一篇文章的内容，则 按钮无效，如果显示的是最后一篇文章的内容，则 按钮无效。

⑥打开新的电子书文件后，原来的文件自动关闭。也可以单击 按钮关闭当前电子书，这样可以回到启动状态。

⑦在打开电子书时，如果程序在目录文件的同一文件夹中找不到相应的正文文件，则显示

提示信息，在提示内容中指出哪个文件没有找到。

（2）难点提示如下。

①本题提供了"唐诗五十首"、"李白诗"、"杜甫诗"和"古代笑话"4 个电子书文件供调试程序使用。也可以按规定格式自制诗词文件由本程序显示并阅读。

②一个电子书由两个文件保存，二者的主文件名相同，扩展名分别为". cnt"和". txt"，二者均为文本文件且必须位于同一文件夹中。前者为目录文件，其中没一行是题目，如图 10.15 所示，后者为正文文件，保存正文和注释、评点等内容。同一个电子书的目录文件和正文文件的内容和顺序相会对应。

③正文文件中保存了电子书的详细内容，如图 10.16 所示，存储格式为：

*

正文 1

*

正文 1 的注释、题解、点评等内容

*

正文 2

*

正文 2 的注释、题解、点评等内容

*

⋮

*

正文 *n*

*

正文 *n* 的注释、题解、点评等内容

*

在正文文件中，每篇文章的内容总是由一个"*"引导，且正文之后注释之前也有一个"*"隔开，整篇文章的最后还有一个"*"。可见，如果一个电子书中有 n 篇文章，则其中会有 2×n+1 个"*"。

注意：一个"*"不一定单独占用一行。所以，正确判断"*"的位置是正确显示电子书内容的关键。

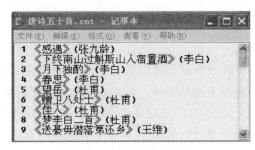

图 10.15　目录文件格式

图 10.16　正文文件的保存格式

实训 10.3　图 片 应 用

一、知识点

1. 图片的使用

Visual Basic 6.0 直接支持的图片格式有 Bitmap 位图、Icon 图标、metafile 元文件、GIF 格式和 JPEG 格式,分别以".bmp"、".ico"、".wmf"、".gif"和".jpg"(或".jpeg")为文件的扩展名。

一般的图片处理程序可以处理并保存".bmp"、".gif"和".jpg"格式的图片文件,而光标、图标和元文件需要专用的软件进行编辑和生成。

在 Visual Basic 中,在一些控件中可以显示图片,并可以通过几种方法来显示和管理图片。

(1)在窗体、图像框和图片框中使用图片。

通过 Picture 属性可以为窗体、图像框和图片框指定图片。对于窗体和图片框来说,指定的图片是背景图片,总是位于对象的左上角,可以使用绘图方法 PaintPicture 将图片绘制到任意位置上。

为 Picture 属性赋值有两种方法。

①在设计时通过属性窗口赋值:程序保存时将图片保存在二进制窗体文件".frx"中,生成可执行文件时会将图片编译到可执行文件中,程序运行时不再需要原来的图片文件。

②运行时赋值(如使用 LoadPicture 函数加载图片并赋值):这种方法必须保证程序在运行时图片文件在指定的位置,否则 LoadPicture 函数会出错。

(2)在命令按钮、单选框和复选框中显示图片。

需要先将其 Style 属性设为"1-Graphical",然后为 Picture 属性赋值即可。

(3)使用 StdPicture 数据类型进行图片管理。

StdPicture 是 Visual Basic 的图片对象型数据类型,可以用来保存一个图片对象。例如:

```
Dim pic As StdPicture                          '定义 StdPicture 类型的对象型变量
Set pic = LoadPicture(App.Path + "\pic_01.jpg")  '使用 Set 语句为变量赋值
Picture1.Picture = pic                         '将变量的值赋给 Picture 属性
```

如果一个程序要用到大量的图片,常用的办法是定义一个 StdPicture 类型的数组来管理这些图片,再赋值给其他对象来显示图片内容。

2. PictureClip(图片裁剪)控件

PictureClip 控件为存储多个图片资源提供了有效的机制。可以在应用程序中创建一个包含了所有图标图像的位图文件,而不必使用多个位图或图标文件。当需要显示单个图标时,使用 PictureClip 控件选择位图中相应的区域即可。例如,可以使用该控件包含应用程序中显示工具箱所要求的所有图标,将工具箱图标保存在一个 PictureClip 控件中要比分开保存效率高得多。使用 PictureClip 控件的步骤如下。

(1)将 PictureClip 控件添加到工具箱中,并添加在窗体上。

PictureClip 是一个 ActiveX 控件,单击"工程"→"部件"命令,选择"Microsoft PictureClip Control 6.0",即可将其添加到工具箱中,其图标为 ▦。

PictureClip 是一个运行时不可见控件,所以它本身不能显示图片,却可以为其他控件管理和提供图片。

(2)创建 PictureClip 图片。

如果要使用的图片是由很多个小图标(图片)组成,则需先将这些小图片(这些小图片应该是大小相同的)画在一幅大图片中,根据需要可以是一行或一列,也可以是多行或多列,如图 10.17 和图 10.18 所示。

图 10.17　常用工具栏用到的一行的大幅图片

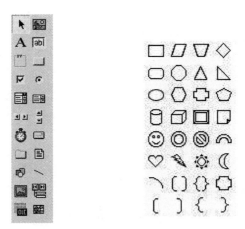

图 10.18　工具箱和自选图形工具栏用到的多行多列大幅图片

(3)将图片加载到 PictureClip 控件有两种方法。

①设计时加载:即在 PictureClip 控件的属性窗口中设置 Picture 属性,选择前面创建好的图片或其他图片文件。这个图片将会被编译到可执行文件中,程序运行时不再需要原来的图片。

②运行时加载:使用 LoadPicture 函数加载,例如:

　　　PictureClip1.Picture = LoadPicture(App.Path + "\tool.jpg")

(4)设置图像资源位图的剪贴区域。

默认情况下,PictureClip 控件将整个图片裁剪,但可以通过设置属性值来指定裁剪区域的任意范围。

①ClipX 和 ClipY 属性:用于指定裁剪区域的左上角,只能在运行时设置。

②ClipHeight 和 ClipWidth:用于指定裁剪区域的高度和宽度,也只能在运行时设置。

(5)划分 PictureClip 图片。

可将图片资源位图划分为指定数目的行(Rows)和列(Cols)。这样,这些行和列所划分出的单元,就可用编号进行访问了。编号从 0 开始,从左到右、从上到下进行编号。

设置划分的行数和列数有 3 种方法。

①在属性窗口设置：直接在属性窗口的 Rows 和 Cols 属性中输入要设置的行列数即可。

②在属性页窗口设置：右击 PictureClip 控件，选择"属性"命令，打开"属性页"对话框，在"通用属性"选项卡中设置"行"数和"列"数。

③在运行时设置。

(6) 获取 PictureClip 中的图片。

设置了 Rows 和 Cols 后，图片就被分成了 Cols×Rows 个小图片，每一小图片的宽度＝width÷Cols，每一小图片的高度＝height÷Rows。通过 GraphicCell 属性即可得到指定的小图片。

注意：GraphicCell 属性是一个一维数组，其下标的有效范围是 0～Cols×Rows－1。一个在第 i 行、第 j 列的小图片的下标为 (i－1)×Cols＋(j－1)，即从 0 开始一行一行地计数时的序号。

下面代码将图片选定区域分成 100 个小图片，并在 Picture 图片框中显示第 3 行的第 1 个小图片。

```
PictureClip1.Picture = LoadPicture(App.Path + "\pic_02.jpg")
PictureClip1.ClipX = 100
PictureClip1.ClipY = 100
PictureClip1.ClipHeight = 300
PictureClip1.ClipWidth = 300
PictureClip1.Rows = 10
PictureClip1.Cols = 10
Picture1.Picture = PictureClip1.GraphicCell(20)
```

3. ImageList（图像列表）控件

ImageList 控件是一个属于 Windows 公共控件的 ActiveX 控件，添加方法为：单击"工程"→"部件"命令，选择"Microsoft Windows Common Controls 6.0(Sp6)"，其图标为 ，运行时不可见。该控件主要的作用是为其他的 Windows 公共控件（如 Toolbar 工具栏控件）提供和管理图片，当然也可以为一般的控件提供图片。

(1) 设计时为 ImageList 控件提供图片。

右击 ImageList 控件，选择"属性"命令，打开"属性页"对话框，选择"图像"选项卡，如图 10.19 所示。

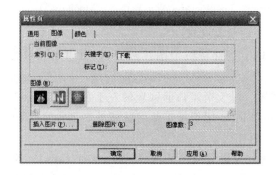

图 10.19　ImageList 控件的"属性页"对话框

①在"属性页"对话框中,可以插入或删除图片(不支持光标文件)。控件自动按顺序为图片赋一个"索引"值(Index 属性),第 1 张图片的索引为 1,第 2 张图片的索引为 2,……,以此类推。程序可以通过该索引值访问图片,但是在程序运行过程中,可能会进行图片的插入和删除,从而导致索引值发生改变,所以在程序中使用索引值并不方便。

②在"属性页"对话框中,还可以为每个图片设置"关键字",其类型为字符串类型,默认为空。应将其设为不同的值来标识每个图片,如图 10.19 所示中使用"下载"关键字来标识第 2 个图片。关键字与图片是一一对应的,即使插入或删除其他图片,该图片对应的关键字值不会发生改变,这样在程序中通过关键字来标识图片就会很方便。

③ImageList 控件不能直接显示图片,必须和其他 Windows 公共控件进行绑定,即设置其他控件的 ImageList 属性为该 ImageList 控件,将二者建立起联系。此时,Visual Basic 便不允许对 ImageList 控件中的图片进行修改了,所以应事先将所有可能用到的图片都插入到 ImageList 控件中。

④通过属性页插入的图片会随二进制窗体文件".frx"一起保存且被包含到可执行文件中,程序运行不依赖于原始图片。

(2)通过 ListImages 属性访问图片。

ImageList 控件管理的每个图片在运行时会生成一个 ListImage 对象,控件的 ListImages 属性是所有 ListImage 对象形成的集合。通过 ListImages 属性可以访问控件管理的每张图片,也可以在运行时动态地添加和删除图片。

①ListImage 对象的 Picture 属性即为其对应的图片,Index 属性为图片的索引(下标),Key 属性即为其"关键字",Tag 属性即为其"标记"。

②通过索引或关键字可以从 ListImages 集合中访问某个 ListImage 对象,例如:

```
Form1.Picture = ImageList1.ListImages(2).Picture      '使用索引访问图片
Picture1.Picture = ImageList1.ListImages("下载").Picture   '使用关键字访问图片
```

③使用 Item 属性获得指定对象,例如:

```
Dim imgx As ListImage                          '定义 ListImages 类型的对象型变量
Set imgx = ImageList1.ListImages.Item(2)       '使用集合的 Item 属性获得指定对象
Image1.Picture = imgx.Picture                  '将图片赋值给 Image 图像框控件
```

(3)运行时为 ImageList 控件添加、删除图片。

使用设计时插入图片的方法只能插入一个一个现成的单独的图片文件,若要想使用 PictureClip 控件从一个大图片中裁剪小图片并把小图片插入到 ImageList 控件,就只能使用 ListImages 集合的 Add 方法在运行时添加了。

①添加图片。添加方法为:

ImageList1.ListImages.Add([Index],[Key],Picture)

其中,Index 参数是新对象的索引,若省略,则图像自动添加到最后;Key 参数指定新对象的关键字;Picture 参数为对象指定相应的图片,例如:

```
Set imgx = ImageList1.ListImages.Add(1, , LoadPicture(App.Path + "\c.jpg"))
Set imgx = ImageList1.ListImages.Add( , , Picture1.Picture)
```

如果不使用返回值,在调用 Add 方法时,不能加括号,例如:

　　ImageList1. ListImages. Add 2, "打印", Picture2. Picture

②修改 ListImage 对象的属性。除了索引之外,ListImage 对象的所有属性都可以改变,例如:

　　Imgx. Key = "Print"　　　　　　　　　　　　'更改关键字属性
　　Imgx. Picture = LoadPicture ( )　　　　　　'删除对象所对应的图片

③删除 ImageList 控件中的图片。可以使用 ListImages 集合的 Remove 方法删除集合中的一个 ListImage 对象。删除方法为:

　　Object. ListImages. Remove index

其中,Index 是对象的索引或关键字,例如:

　　ImageList. ListImages. Remove "Print"

4. 图片的掩码

除了图片框和图像框控件之外,命令按钮、单选框和复选框等控件也可以显示图片,将它们的 Style 属性设为"1-Graphical",通过 Picture、DownPicture 和 DisablePicture 属性可以为它们指定在一般状态时、被按下状态时和无效状态时所显示的图片。使用这些属性可以制作既有图片显示又有文字说明的漂亮按钮,如图 10.20 所示。

但是有一个问题需要特别注意:一般情况下,一个图片总是有前景内容和背景内容之分。例如,如图 10.20(a)所示,图片的前景为一个指向下面的三角形,而背景是一个白色的方块。将这个图片放置在灰色的按钮上不太美观,这时需要使用图片的掩码颜色。使用方法如下。

(1)将按钮的 MaskColor 属性设置为图片的背景色(这里为白色)。

(2)将按钮的 UseMaskColor 属性设为"Ture",图片会忽略与掩码颜色相同的背景色,与按钮浑然一体,如图 10.20(b)所示。

　　(a) 未使用掩码颜色　　　　　　　　　　(b) 使用了掩码颜色

　　　　　　图 10.20　图片掩码颜色的使用

二、题目介绍

拼图是一种老少皆宜、容易上手的益智类小游戏,本题目要求编制一个拼图小游戏程序,使用方法如下。

(1)指定一幅完整的图片,将其分割为 $m \cdot n$ 个小图块,并打乱顺序后重新排列,其中有一个没有图块的"空档",如图 10.21(a)所示。

(2)使用鼠标单击与"空档"相邻的图块使该图块与"空档"位置互换。

(3) 利用"空档"位置移动各图块，最终恢复图片原貌，完成拼图。移动的步数越少表明游戏者水平越高。

(4) 在游戏过程中，可以打开参考图帮助查找各图块的正确位置，如图 10.21(b) 所示。

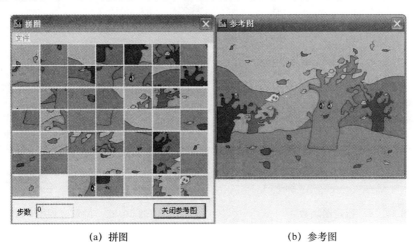

(a) 拼图　　　　　　　　　　　　　　(b) 参考图

图 10.21　拼图游戏

三、功能要求

(1) 运行程序，显示如图 10.22 所示的启动界面。界面的背景图片可以自己更换。

(2) 单击"文件"→"打开图片"命令，显示"打开图片"对话框，指定一个图片文件，如图 10.23 所示。"打开图片"对话框只能指定以".jpg"和".bmp"为扩展名的文件。

图 10.22　程序启动界面　　　　　　图 10.23　"打开图片"对话框

(3) 选择图片之后，程序弹出如图 10.24 所示的"指定行列数"对话框，提示将图片分几行几列。使用文本框后面的微调按钮可以调节行数和列数。可将行列数限制在一定范围之内，如 3~10 之间。

(4) 指定行列数之后，单击对话框的"确定"按钮返回主窗体，如图 10.25 所示。程序自动按指定的行列数将图片分成图块，然后随机排列。

图 10.24　指定图块数

图 10.25　游戏过程中

（5）打乱的图片中有一空档位置，用户单击与空档位置相邻的图块可以与其交换位置。若单击了空档位置或不与空档相邻的图块，程序不做任何操作。使用此方法移动所有图块直至恢复图片的原貌。

（6）图片复原时，程序显示消息框表示祝贺，同时显示游戏供使用的步数。

（7）在游戏过程中，如果用户希望参考原图，可以单击"显示参考图"命令按钮，打开"参考图"窗体，如图 10.21 所示。要求"参考图"窗体与主窗体靠在一起且上边框对齐。"参考图"窗体打开时，命令按钮的标题显示为"关闭参考图"，再单击此命令按钮可以关闭"参考图"窗体，也可以通过单击其右上角"关闭"按钮来关闭"参考图"窗体。

（8）因为空档位置和图块之间的间隙直接显示了窗体背景颜色，如果此颜色与当前图片主体颜色很接近，会干扰拼图操作，所以要求背景色可更改。单击"文件"→"背景颜色"命令，弹出"颜色"对话框，用户从中选择一种新颜色即可。

（9）在游戏过程中，或在完成后，均可以退出程序或单击→"打开图片"命令重新开始一个新图片的拼图游戏。

（10）"参考图"窗体应是一个非模态窗体，在关闭主窗体退出程序时，应确保该窗体同时卸载，而不是隐藏，否则该程序不会完全关闭，仍会驻留内存。

四、难点提示

（1）本程序的主窗体可以按照图 10.26 所示进行设计。

（2）PictureClip 控件用来管理打开的图片并将其分为指定的行列图块，使用 Image 控件数组来显示图块，在运行时根据用户指定的行列数使用 Load 语句加载。CommonDialog 控件用于"打开图片"和"颜色"对话框。

（3）应适当设置主窗体、"参考图"窗体和"指定行列"对话框的边框类型，在加载显示"参考图"窗体和"指定行列"对话框时应选择适当的模态/非模态参数。

(4)为了使程序能够正常显示无论多大的图片,应将 Image 控件的 Stretch 属性设计为"True",使之可以自动将大图块缩小,把小图块放大。

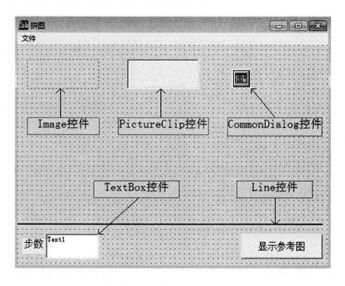

图 10.26　设计时的主窗体

(5)本题目的算法重点有 3 个方面:如何随机排列图片、如何判断被单击的图块是否与空档相邻、如何判断拼图是否完毕。

①设定属性,声明全局变量。

设 CommonDialog 控件名称为"CDialog",PictureClip 控件名称为"PClip",Image 控件数组名为"ImagePC"。

在主窗体的声明段,声明如下变量:

```
Public rows As Integer, cols As Integer        '图块的行数和列数
Dim arrange( ) As Integer                      '图像控件与数组的对应关系
Dim space As Integer                           '空档的位置
```

②编写随机排列图块的代码。

PictureClip 控件的 GraphicCell 属性是一维数组,设置了 Picture、Rows 和 Cols 属性之后,GraphicCell 属性的下标为 0~Rows×Cols－1。所以,arrange 数组可以重定义为 arrange(0 To Rows * Cols－1)。使用 arrange 数组在 Image 控件数组和 PictureClip 控件的 GraphicCell 属性数组之间建立桥梁,arrange 数组的下标代表相应的 Image 控件数组的元素,arrange 数组的值代表相应的 GraphicCell 属性数组元素。例如:

```
Arrange(2)=10
ImagePC(3).Picture = PClip.GraphicCell(Arrange(2))
```

表示下标为 3 的 Images 控件数组元素显示下标为 10 的图块。所以,如果将 0~Rows×Cols－1 这 Rows×Cols 个整数随机赋值给 arrange 的 Rows×Cols 个元素便可以将图块打乱。下面的代码演示了如何随机排列图块。

```
Private Sub Rnd_Arrange( )                     '随机排列图块
```

```vb
        Dim i As Integer, j As Integer, n As Integer
        n = rows * cols
        ReDim arrange(0 To n - 1)
        For i = 0 To n - 1
            arrange(i) = -1                           '用-1标记未赋值的元素
        Next
        i = 0
        Do                                            '给数组 arrange 随机赋值
            j = Int(Rnd * n)                          '产生 0~n-1 的随机数
            If arrange(j) = -1 Then
                arrange(j) = i
                i = i + 1
                If i = n Then Exit Do
            End If
        Loop
        For i = 1 To n - 1
            Load ImagePC(i)                           '加载控件数组元素
        Next
        For i = 0 To n - 1
            If arrange(i) <> n - 1 Then               '将图块赋给控件数组元素
                ImagePC(i).Picture = PClip.GraphicCell(arrange(i))
            Else                                      '将打乱前图片右下角的图块设为空
                ImagePC(i).Picture = LoadPicture
                space = i
            End If
        Next i
    End Sub
```

③单击某图块时，判断其是否与空档相邻并移动图块的代码设计如下：

```vb
    Private Sub ImagePC_Click(Index As Integer)
        Dim r1 As Integer, c1 As Integer
        Dim r2 As Integer, c2 As Integer
        Dim n As Integer, i As Integer
        c1 = space Mod cols                           '计算空档的行列
        r1 = space \ cols
        c2 = Index Mod cols                           '计算单击的行列
        r2 = Index \ cols
        '判断是否相邻
        If Abs(c1 - c2) = 1 And Abs(r1 - r2) = 0 Or Abs(c1 - c2) = 0 And Abs(r1 - r2) = 1 Then
            n = arrange(Index)
            arrange(Index) = arrange(space)
            arrange(space) = n
```

```
            ImagePC(space) = PClip.GraphicCell(arrange(space))
            ImagePC(Index) = LoadPicture()
            space = Index
        End If
    End Sub
```

④判断是否拼图完毕的代码如下：

```
    Private Function isOK() As Boolean              '判断是否拼完
        Dim i As Integer
        For i = 0 To cols * rows - 1
            If arrange(i) <> i Then Exit For
        Next
        If i = cols * rows Then isOK = True
    End Function
```

五、更进一步

(1)增加"排行榜"功能,记住每个用户的用户名、难度(行列数)和成绩(步数)以供查询。
(2)程序退出时,记住用户的背景颜色设置和是否显示参考图,下次启动时自动恢复前一次设置。如果退出时游戏未完成,下一次启动时,可以继续上次游戏。

六、强化训练

设计一个快速配对游戏。
(1)功能要求如下。
①运行程序,显示如图 10.27 所示的开始界面,图片均为背对用户。
②单击"开始"命令按钮,图片显示很短时间(如 2 s),然后翻过去,如图 10.28 所示。

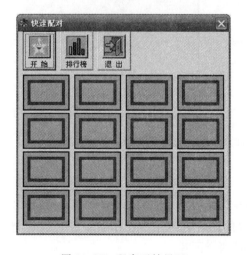

图 10.27　程序开始界面

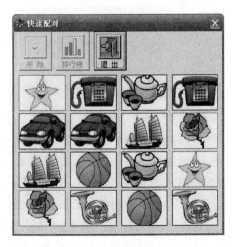

图 10.28　程序展示所有图片

③用户使用鼠标单击图片将其翻过来,如果连续单击的两个图片一样,则保持显示状态,否则,两张图片 0.5 s 后自动翻过去。用户凭记忆在尽量短的时间内将 8 对图片全部翻过来,游戏完成。

④从用户第 1 次单击图片时程序开始计时(以 s 为单位),并在窗口的右上角显示已用时间,如图 10.29 所示。每击中一对图片,窗口中显示一个"笑脸"图标,否则显示一个"严肃的脸"图标。

图 10.29 快速配对游戏

⑤程序自动记录前三个最短完成时间,在游戏结束时以图 10.30 所示的消息框显示名次。单击窗口中的"排行榜"命令按钮可以弹出"排行榜"对话框,如图 10.31 所示,显示前 3 名所用时间。

图 10.30 显示名次消息框

图 10.31 "排行榜"对话框

⑥在游戏过程中,窗口的"开始"和"排行榜"命令按钮呈无效状态。游戏完成后,"开始"命令按钮变为"重来",单击该命令按钮可以从头再来一局。

(2)难点提示如下。

①设计两个 Image 控件数组 Image1 和 Image2,其中 Image1 控件数组用来显示 16 张图片,Image2 控件数组用来保存要用到的 8 种内容的图片。再用一个 Image 控件保存背面图片,两个 Image 控件分别保存"笑脸"和"严肃的脸"两个图片。

在程序运行过程中,只有 Image1 控件数组是可见的,其余均为隐藏的。

②设计 3 个独立的时钟控件,分别用于短时间的图片展示、两个图片不相同时的延迟和游戏时间的记录。

③如何随机地显示 16 个图片的思想类似于拼图游戏中的算法,设计一个 arrange 数组,在 Image1 和 Image2 两个控件数组之间建立联系。

④为了减少出错的可能性,那些已经被翻开的图片应不能再被单击,或者说不再响应单击的操作。比较好的办法是定义一个逻辑型数组 Finished,被翻开的图片所对应的元素赋值为"True"。当响应鼠标事件时,可根据数组的值来判断被单击的图片是否已经被翻,并分别对待。

⑤本程序将前 3 名所用时间保存在"Record.txt"文本文件中,可在"排行榜"对话框中显示,也可在新的记录出现时更新。

实训 10.4　数 据 管 理

一、知识点

1. 自定义数据类型

用户可根据实际需要利用标准数据类型、通过 Type 语句来定义自己的数据类型。用户自定义数据类型的语法如下:

```
Type 数据类型名
    数据类型元素名 As 标准数据类型名
    数据类型元素名 As 标准数据类型名
    ⋮
End Type
```

例如,声明一个新的数据类型 Student,其自定义代码如下:

```
Type Student
    Name As String * 8    '字符串必须是定长的
    Age As Integer
    Address As String * 20
End Type
```

使用自定义数据类型的好处在于:
(1)一个变量可以存储多个类型的值;
(2)两个同种类型的变量可以直接相互赋值;
(3)可以定义自定义类型的数组;
(4)可以为过程或函数传递自定义类型的值;
(5)使用随机文件可以方便地对自定义类型的数据进行整体读写。
自定义数据类型中的成员数组不受 Option Base 定义的影响,例如:

```
Option Base 1
Private Type Student
    Name As String * 8        '字符串必须是定长的
    Age As Integer
    Address As String * 20
    Grade(5) As Float         '下标从 0 开始
End Type
```

若要从 1 开始,则必须写成:

```
Grade(1 To 5) As Float
```

注意:

①由于 Type 语句默认是全局的,若要定义模块级的数据类型,必须在 Type 前加 Private 关键字。

②由于自定义数据类型经常用来配合随机文件使用,而随机文件的读写要求固定的记录长度,所以自定义数据类型中的字符串成员应定义为定长的。

2. 使用随机文件

随机文件在存储大量相同类型的数据方面具有较强的优势,与自定义数据类型和动态数组相结合常被用来进行数据管理类程序的开发。

(1)读随机文件,语法格式为:

Get [#]文件号,[记录号],变量名

读随机文件时,判断文件是否读到文件尾,一般不能使用 EOF 函数,而是使用 LOF 函数返回文件长度再除以记录长度得到记录数。

下面代码即为对随机文件进行读取操作:

```
Public dArray() As Student
Public recnum As Integer
Public st As Student
Open App.Path + "\stu.dat" For Random As #1 Len = Len(st)
recnum = LOF(1) / Len(st)              '计算记录数
ReDim dArray(1 To recnum)
For i = 1 To recnum
    Get #1, , dArray(i)                '读数据
Next
Close #1
```

(2)写随机文件,语法格式为:

Put [#]文件号,[记录号],表达式

如果写入的记录数少于文件原有的记录数,原有的多余数据并不会被覆盖或删除,这当然不是希望出现的情况,可以使用 Kill 语句先将文件删除,再写入新的数据。如下面的代码所示:

```
    If Dir(App.Path + "\stu.dat") <> "" Then    '判断文件是否存在
        Kill App.Path + "\stu.dat"              '删除文件
    End If
    Open App.Path + "\stu.dat" For Random As #2 Len = Len(st)
    For i = 1 To recnum
        Put #2, , dArray(i)                     '读数据
    Next
    Close #2
```

(3)中英文的兼容性问题。

在内存变量中进行字符串操作时,一般是以字符为单位的,所以一个汉字和一个英文字母一样都是一个字符,能保存4个字母的定长字符串变量也能保存4个汉字。但是,在进行文件读写时就不一样了,在文件中一个汉字占2个字节,而一个字母只占1个字节。所以,程序应根据情况将自定义数据类型中的定长字符串成员定义得足够长(通常应该是最大长度的2倍,如保存3个汉字的姓名,应定义长度为6的字符串)。

3. MonthView、DTPicker 和 Calendar 控件

(1)控件的添加方法。

①MonthView(月历视图)和DTPicker(日期选择器)控件是Windows公共控件,添加方法为:

单击"工程"→"部件"命令,选择"Microsoft Windows Common Controls-2 6.0(SP4)",显示在工具箱上的图标为 ▦ 和 ▢ 。

②Calendar(日历控件)是单独的 ActiveX 控件,添加方法为:

单击"工程"→"部件"命令,单击"可插入对象"选项卡,选择"Microsoft 日历控件 11.0",其显示在工具箱上的图标为 ▦ 。

(2)MonthView 控件的使用。

MonthView 控件可用来在窗体上显示一个或多个月的月历,并可供用户选择一个或多个连续的日期,如图 10.32 所示。

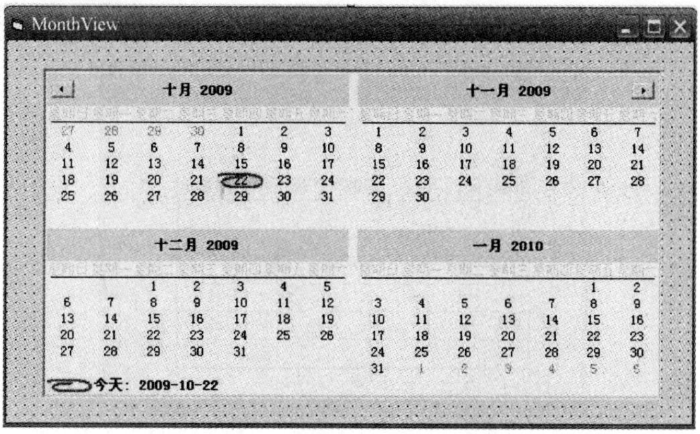

图 10.32 MonthView 控件的使用

通过设置相关属性，可以改变 MonthView 控件的外观及其使用性能。

①MonthRows(行数)和 MonthColumns：用于设置控件同时显示几个月(最多不超过 12 个月)。图 10.32 为设置 MonthRows＝2 和 MonthColumns＝2 的效果。

②MultiSelect 属性(多选)：若设为"True"，则可以按住 Shift 键同时选择多个日期。

③MaxSelCount 属性：设置最多可以同时选择多少个日期。在 MultiSelect 属性为"True"时有效。

④SelStart 和 SelEnd：选择的起止日期。

⑤Value：如果不是多选，则 Value 属性值为选择的日期。

MonthView 控件有 3 个独有的事件：SelChange、DateClick 和 DateDblClick，通过这 3 个事件过程可以处理在该控件中常用的操作。

(3)DTPicker 控件。

DTPicker 控件是专为用户输入单个日期设计的，如图 10.33 所示。一般状态下，它像一个组合框，可以单独编辑其中日期的年、月、日数值。

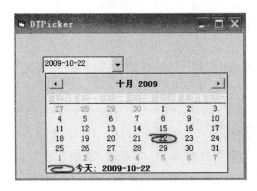

图 10.33　DTPicker 控件的使用

单击右侧下拉按钮时，会弹出一个 MonthView 控件，从中可以方便地选择一个日期。

控件的 Value 属性是输入或选择的日期。当 Value 值改变时引发 Change 事件。

(4)Calendar 控件。

Calendar 控件与 MonthView(控件)功能相近，但是具有更易于自定义的外观，如图 10.34 所示。

图 10.34　Calendar 控件的使用

通过 Year、Month 和 Day 属性可得到当前所选日期的年、月、日(均为数值型)，Value 属性为所选日期型值。使用该控件众多的方法和事件,可以对它进行全面的操作。

二、题目介绍

本题目旨在设计一个可对个人日常的收入和消费账目进行管理及查询统计的程序。

三、功能要求

(1)运行程序,首先显示一个登录窗体,要求输入密码验证,如图 10.35 所示。如果连续 3 次输入密码错误,则程序自动退出。程序的初始密码为空,即不必输入密码,直接单击"确定"命令按钮进入。

(2)当用户输入正确的密码后,则进入主窗体,如图 10.36 所示。

图 10.35 "登录"窗体　　　　　图 10.36 "个人收支管理"主窗体

(3)单击"参数设置"命令按钮,进入"参数设置"窗体,该窗体中有 3 个选项卡,如图 10.37～图 10.39 所示。

①"收入类别"(见图 10.37)和"支出类别"(见图 10.38)选项卡主要对日常收支进行分类,可对类型进行添加、修改和删除等处理,并将处理后的类别信息保存到文件中以供本程序的其他窗体使用。

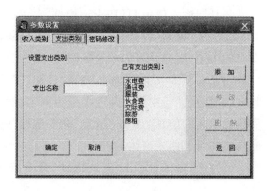

图 10.37 收入类别设置　　　　　图 10.38 支出类别设置

这两个选项卡的初始状态为:"添加"和"返回"命令按钮可用,另外两个命令按钮不可用,同时文本框不能进行文字输入。

单击"添加"命令按钮后,文本框才能被编辑,并清空原有的内容。在文本框中输入新类别后单击"确定"命令按钮即可添加。

单击列表框的某一项时,其内容显示在文本框中,同时"删除"和"修改"命令按钮可用。单击"修改"命令按钮后,在文本框中进行修改,"确定"后修改操作完成。单击"删除"命令按钮时,从列表框中删除所选类别。

②通过"密码修改"选项卡可修改密码,如图 10.39 所示。若"新密码"和"再输入一次"中的输入密码不一致,则会提示用户重新输入。

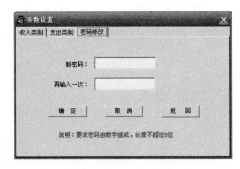

图 10.39 密码修改设置

(4)单击程序主界面上的"日常流水账"命令按钮,进入日常收支的原始资料输入窗体(流水账窗体),如图 10.40 和图 10.41 所示。

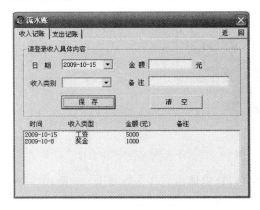

图 10.40 收入记账设置

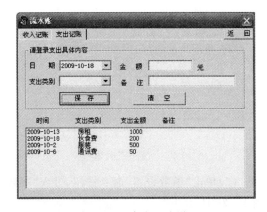

图 10.41 支出记账设置

①流水账窗体主要由"收入记账"和"支出记账"两个选项卡组成,由于流水账的内容可能很多,因此进入该窗体时,窗体底部的列表中只显示已输入的本月的收支情况。

②日期输入使用 DTPicker 控件。

③"收入类别"和"支出类别"使用组合框,其中显示了"参数设置"窗体中所设置的收入和支出的类别,用户只需从中选择即可。

④添加新的收支信息时,先在"日期"、"金额"、"收入类型"(或"支出类型")和"备注"(关于收支的简短说明)中输入和选择适当内容,然后单击"保存"命令按钮即可。窗体底部列表框中显示已输入的信息。单击"清空"命令按钮,则会清空各文本框的内容。添加完毕,单击"返回"命令按钮可返回主窗体。

(5)在主窗体上单击"查询统计"命令按钮,进入"查询统计"窗体,如图 10.42～图 10.44 所示。

第 10 章 综合设计

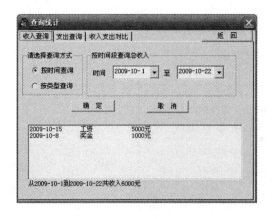

图 10.42 收入查询　　　　　　　　　　图 10.43 支出查询

① "查询统计"窗体由 3 个选项卡组成,即"收入查询"、"支出查询"和"收入支出对比"。

② "收入查询"和"支出查询"根据实际需要共设置两种查询方式：一种是按时间段查询；另一种是查询某时间段内某类别的收支情况。可通过"请选择查询方式"中的两个单选按钮来选择查询方式。

③ "收入支出对比"选项卡显示某一时间段内总的收入和支出情况如图 10.44 所示。

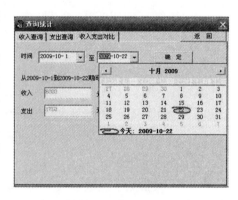

图 10.44 收入支出对比查询

四、难点提示

(1) 选项卡可使用 SSTab 控件来完成。
(2) 本题目的密码保存在文件中,可进行加密处理,加密算法自行选择。
(3) 分别用文件保存收入和支出类型以及收入和支出账目。

五、更进一步

试着改进"参数设置"窗体中"收入类别"和"支出类别"选项卡中的添加、删除和修改收入支出类别的操作,使其更简化、更便于操作。

六、强化训练

设计一个机房管理程序。
(1) 功能要求如下。
① 运行程序,显示如图 10.45 所示的程序主窗体。窗体左边区域以计算机形状图片显示 80 台计算机,图片中显示器发亮的表示正在使用的计算机,显示器发暗的为空闲计算机。每个计算机的下面都标以相应的计算机号。

图 10.45 "机房管理系统"主窗体

②当学生来上机时,在右上方的"学号"文本框中输入该学生的学号(要求由 10 位数字组成),按 Enter 键,程序弹出如图 10.46 所示的"指定计算机"对话框,选择计算机号,单击"确定"命令按钮,为该学生指定使用此计算机,该计算机的图标自动改为正在使用状态(屏幕变亮)。

"指定计算机"对话框中只列出当前空闲的计算机号。

③如果学生要下机,同样在"学号"文本框中输入学号后按 Enter 键,该学生使用过的计算机自动变为空闲状态(屏幕变暗)。程序自动记下该学生学号、上机时刻、下机时刻和计算机号以供以后查询。

图 10.46 指定计算机

④主窗体中"学号"文本框下方的方框内,不同的时刻会显示不同的内容,如图 10.47 所示,以方便管理人员随时了解上机情况。

学　号:0000000020 计算机号:25 开始时刻:2009-10-22 　　　　20:15:55 结束时刻:(开始上机) 使用时间:(开始上机)	学　号:0000000001 计算机号:10 开始时刻:2009-10-22 　　　　19:47:42 结束时刻:2009-10-22 　　　　20:16:56 使用时间:0.49小时	学　号:0000000018 计算机号:20 开始时刻:2009-10-22 　　　　19:48:35 结束时刻:(正在上机) 使用时间:(正在上机)	学　号:(未使用) 计算机号:35 开始时刻:(未使用) 结束时刻:(未使用) 使用时间:(未使用)
(a)	(b)	(c)	(d)

图 10.47 不同情况下的状态显示

其中,图10.47(a)表示学生刚上机时的状态,包括刚上机学生的学号、分配的计算机号和开始时刻;图10.47(b)表示学生下机时的状态,包括下机学生的学号、计算机号、开始时刻和结束时刻以及使用时间;图10.47(c)表示单击一个正在使用的计算机图标时显示的内容;图10.47(d)表示未被使用的计算机的状态。

⑤程序提供"按学号"和按"计算机号"两种查询功能。

在主窗体中单击"按学生学号查询"命令按钮,弹出如图10.48所示的"查询"对话框。初始状态下,列表框中列出所有的上机记录(包括每个学生每一次上机的记录)。在"学生学号"文本框中输入要查询的学生学号,单击"查询"命令按钮,列表框中显示此学生的上机记录,并在对话框底部"总使用时间"文本框中显示该学生上机的总时数(见图10.48)。

在主窗体中单击"按计算机号查询"命令按钮,打开如图10.49所示的对话框。初始状态下,列表框中列出所有的上机记录。在"计算机号"文本框中输入一个计算机号,单击"查询"命令按钮,列表框中列出此计算机被使用的记录,并在对话框底部显示该计算机被使用的总时数。单击"显示全部"命令按钮,列出所有的上机记录。

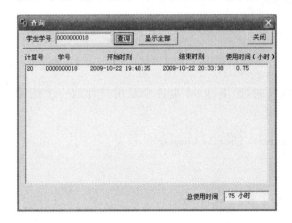

图10.48 "按学号查询"对话框

图10.49 "按计算机号查询"对话框

⑥主窗体应实时地显示当前的上机情况。特别要求,当机房中有人正在上机,如果退出本程序,或重新启动计算机后再运行本程序时,主窗体中仍能正确显示当前的上机情况,即重新启动本程序后,原来登记的上机信息不能丢失。

(2)难点提示如下。

①主窗体左边显示区域显示的80个计算机图标,可以使用一个有80个元素的Image控件数组来实现。

②使用LoadPicture函数来改变指定计算机的图标,即改变控件数组元素的Picture属性。

③使用自定义数据类型来表示一条上机信息,并将使用随机文件保存上机信息。

④由于不是所有的计算机同时使用,因此应使用动态数组。

⑤使用两个文件分别保存所有的上机记录和当前正在上机的信息,以保证即使程序退出再启动也能正确显示当前的上机信息。

实训 10.5 游 戏 设 计

一、知识点

1. 处理键盘事件

一般情况下,使用 Visual Basic 6.0 提供的 3 个键盘事件就可以完成相应的操作了。

(1)KeyPress 事件。

KeyPress 事件是用户按下并释放一个具有 ASCII 码键时引发的,该事件过程通过 KeyAscii 参数将按键的 ASCII 码传递给事件过程。格式如下:

    Private Sub Object_KeyPress(KeyAscii As Integer)

但是,KeyPress 事件无法识别组合键、功能键和一些无对应 ASCII 码的击键,也不能区分键的按下与释放操作。

(2)KeyDown 和 KeyUp 事件。

KeyDown 事件是在用户按下一个键时所触发的,而 KeyUp 事件则是用户释放一个按键时所触发的。

    Private Sub Object_KeyDown(KeyCode As Integer, Shift As Integer)
    ...
    End Sub
    Private Sub Object_KeyUp(KeyCode As Integer, Shift As Integer)
    ...
    End Sub

其中,KeyCode 参数标志了引发事件的按键。如果对应的是具有 ASCII 码的按键,则此参数值等同于其 ASCII 码;如果是功能键、控制键、小键盘上的数字键,相应的 KeyCode 值见主教材的附录。

Shift 参数标志按组合键时使用的是 Shift 键(1)、Ctrl 键(2)还是 Alt 键(4)。

KeyUp、KeyDown 事件不识别字母的大小写,全部转换为大写。例如,按下 Ctrl+Shift+A 组合键,KeyCode 参数值为 65,Shift 参数值为 3(1+2)。

注意:并不是所有的按键都会引发 KeyPress、KeyUp 和 KeyDown 事件。以下情况不引发键盘事件:

① 按 Tab 键,在不同的控件间切换键盘输入焦点;

② 如果窗体上有默认按钮(Default 属性为"True")时按 Enter 键;

③ 如果窗体上有取消按钮(Cancel 属性为"True")时按 Esc 键;

④ 焦点在列表框上时按上、下方向键;

⑤ 有命令按钮、单选按钮和复选框时按上下左右方向键,在控件间切换焦点。

(3)窗体的键盘事件。

默认情况下,得到键盘事件的是拥有焦点的控件,只有在没有有效且可见的能拥有焦点的控件时,窗体才会引发键盘事件,这就使得对窗体的编程相当麻烦。

但是,如果将窗体的 KeyPreview 属性设置为"True",则窗体会在控件之前得到键盘事件。在窗体的键盘事件过程中将 KeyCode 或 KeyAscii 参数设置为"0",可以阻止具有焦点的控件得到该事件。

下面的代码实现了使用键盘上的上、下、左、右方向键移动窗体的位置,但要首先设置窗体的 KeyPreview 属性为"True",且窗体上没有命令按钮、单选按钮、复选框、列表框等对方向键有截获作用的控件。

```
Private Sub Form_KeyDown(KeyCode As Integer, Shift As Integer)
    Select Case KeyCode
        Case 37                             '← 键
            Me.Left = Me.Left - 100
        Case 38                             '↑ 键
            Me.Top = Me.Top - 100
        Case 39                             '→ 键
            Me.Left = Me.Left + 100
        Case 40                             '↓ 键
            Me.Top = Me.Top + 100
    End Select
End Sub
```

可见,如果要处理窗体的键盘事件,则最好不要使用命令按钮、单选按钮、复选框和列表框之类的控件。可以使用标签、图像框和图片框这类可以响应鼠标事件、又对键盘操作不敏感的控件实现命令按钮的功能。

二、题目介绍

两个用户通过键盘控制比赛对象(龟和兔)进行赛跑比赛,谁最早跑到终点谁就获胜。

三、功能要求

(1)程序启动界面如图 10.50 所示,开始时,龟和兔分别位于两条跑道的起点。

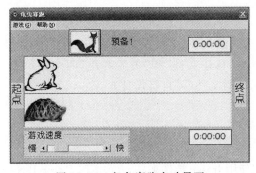

图 10.50　龟兔赛跑启动界面

(2)单击"狐狸"(裁判)命令按钮,该按钮右面闪烁 3 次"预备"字样,然后显示"开始",进入比赛状态。

(3)赛跑开始后,用户 1 轮流按"A"和"S"键,用户 2 轮流按";"和","(单引号)键,分别使兔和龟沿跑道向右前进,每按两次键才能使图标移动一次,按键越快,相应的图标就移动得越快。计时牌显示各自所用时间,如图 10.51 所示。当两个动物都到达终点时,显示谁是胜者。

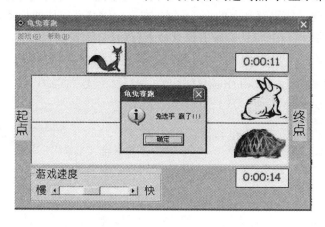

图 10.51 比赛显示时间,结束显示胜利者信息

(4)在游戏过程中,通过"游戏速度"滚动条来调节动物每前进一步的距离。

(5)游戏在进入预备状态之前,按键是不能使两个动物移动的;在"预备"状态时(在起跑之前),若按键移动动物程序认为是抢跑,显示如图 10.52 所示的信息,必须重新开始游戏。

图 10.52 显示抢跑信息

(6)程序中菜单结构为:"游戏"菜单下有"开局"和"退出"两个菜单项,并设置"开局"的快捷键为 F2,"帮助"菜单下有"自述文件"和"关于赛跑"两个菜单项。单击"自述文件"时使用"记事本"程序打开并显示说明文件(可自行设计)。

四、难点提示

(1)龟和兔的图标可以使用 Image 控件来显示,跑道用 PictureBox 控件。

(2)程序需要处理 KeyDown 等键盘事件,因为多个控件具有 KeyDown 事件,不用使用 SetFocus 方法和 LostFocus 事件将输入焦点锁定在某个控件上,编写这个控件的 KeyDown 事件即可。

(3)使用 Shell 函数调用记事本程序显示自述文件的说明。

五、更进一步

试着修改程序,使得用户 1 在按"A"和"S"键之间,如果用户 2 按了";"或",",键,则用户 1 的按键"A"被取消,再按"S"键就不会移动。反过来,用户 1 也可以打断用户 2 的"按键对"。这样,游戏将更具有挑战性,更能体现按键速度越快胜利的可能性就越大。

六、强化训练

设计一个记忆力测试程序。
(1)功能要求如下。
①运行程序,显示如图 10.53 所示的程序启动界面。

图 10.53　记忆力测试启动界面

②单击"开始"命令按钮,如图 10.54 所示,程序依次弹出 3 个随机生成的大写字母。0.5 s 之后,字母消失,一个竖线光标提示用户重新输入刚才显示的字母,如图 10.55 所示。

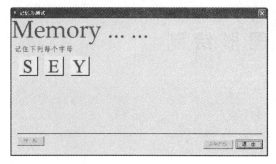

图 10.54　随机生成字母　　　　　　　　　图 10.55　输入字母

③用户输入 3 个字母之后,程序判断输入的字母是否和随机生成的字母完全相同。如果相同,程序再随机生成 4 个字母让用户记忆并输入;如果不相同,则以图 10.56 所示的方式将生成字母与输入的字母进行对比,用户可以发现自己哪个字母输入错误。

④在图 10.56 所示的状态下,用户可以选择"重复本步"让程序再生成相同个数的字母重试;如果选择"从头开始"命令按钮,则从 3 个字母重新开始。

图 10.56　输入错误时的显示状态

⑤要求字母以突起的立体效果显示,像是写在有厚度的木板上。

⑥用户输入字母时,无论其键盘是否处于大写锁定状态,都以大写形式显示。在用户没有输入完当前要求的字母个数之前,可以通过退格键(Backspace)逐个删除已输入的字母。

⑦窗体上命令按钮的标题文字和有效状态应根据程序的状态而不断改变。在用户输入字母时,只有"退出"命令按钮可用(见图 10.55);当输入错误时,"开始"命令按钮变为"重复本步"命令按钮(见图 10.56)。在不同阶段,提示文字的内容也不相同。

(2)难点提示如下。

①使用标签控件显示和输入字母。将标签控件的背景颜色设置为白色、形状设为方形、字体大小适中,再在标签控件的下面放置一个黑色的 Shape 形状控件便产生了立体感。

②将标签控件和形状控件设为控件数组,根据程序的需要增加或减少。

③因为标签控件不支持直接编辑,所以应处理键盘的按键事件来模拟编辑操作,如输入和删除字母。不断闪烁的竖形插入符(光标)可以使用 Line 直线控件模拟。

④字母的动态生成和插入符的闪烁需要使用时钟控件来实现。

实训 10.6　图形绘制

一、知识点

1. 坐标系统

在 Visual Basic 6.0 中,每个对象定位于存放它的容器内,对象定位都要使用容器的坐标系,对象的 Left、Top 属性指示了该对象在容器内的位置。每个容器都有一个坐标系。构成一个坐标系需要 3 个要素:坐标原点、坐标度量单位、坐标轴的长度与方向。

(1)标准坐标系统。

Visual Basic 提供了 7 种标准坐标系统供选用,当窗体或图片框的 ScaleMode 属性为 1~7 时,则使用对应的标准坐标系统。

(2)自定义坐标系统。

当 ScaleMode 属性为"0"时,使用自定义坐标系统。

① ScaleHeight、ScaleWidth、ScaleLeft 和 ScaleTop 属性:自定义坐标系统的原点位置和坐标单位由 ScaleHeight、ScaleWidth、ScaleLeft 和 ScaleTop 4 个属性一起决定。

ScaleLeft 和 ScaleTop 属性分别指定在该坐标系统下对象绘图区左上角的水平和垂直坐标。

ScaleHeight 和 ScaleWidth 属性决定在该坐标下对象绘图区的高度与宽度,当这两个属性取负值时,会改变坐标的正方向。

在自定义坐标系统下,坐标的实际单位是由对象的实际大小和 ScaleHeight 和 ScaleWidth 属性联合决定的。

如果在标准坐标系统下,改变了这 4 个属性中任意一个值,会自动使用自定义坐标,ScaleMode 属性自动地设置为"0"。

更改坐标系统,不会影响窗体或图片框已有的图形或控件的位置,但是控件的坐标值会发生变化,CurrentX 和 CurrentY 属性值也会改变以反映当前点的新坐标。

② Scale 方法:使用 Scale 方法也可以设置一个自定义坐标系统,其语法格式为:

   Object. Scale(x1,y1)-(x2,y2)

其中,(x1,y1)是绘图区左上角在新的自定义坐标系统下的坐标;(x2,y2)是绘图区右下角在新的自定义坐标系统下的坐标。

对 Scale 方法的调用等价于对 ScaleLeft、ScaleTop、ScaleWidth 和 ScaleHeight 4 个属性的设置,它们的关系如下:

   ScaleLeft = x1
   ScaleTop = y1
   ScaleWidth = x2-x1
   ScaleHeight = y2-y1

例如,下面两种方法都可以将图片框 P 的坐标系统设置为 Y 向上为正,左下角为坐标原点,宽和高都是 100 个单位。

方法一:

   P. ScaleLeft = 0
   P. ScaleTop = 100
   P. ScaleHeight = 100
   P. ScaleWidth = 100

方法二：

  P. Scale (0,100)-(100,0)

注意：如果图片框 P 的实际高度和宽度不相等，则水平和纵向坐标单位是不同的。例如，使用下面语句画的图形不是正方形而是长方形：

  P. Line (10,10)-(40,40),,B

但是使用 Circle 画的圆仍然是正圆。

2. 绘制曲线

只有窗体和图片框控件有绘图方法，支持曲线的绘制。

(1) 使用 PSet 方法画点。语法格式为：

  Object. PSet [Step] (x,y),[Color]

(2) 使用 Line 方法画直线或矩形。语法格式为：

  Object. Line [Step] (x1,y1)- [Step] (x2,y2),[Color],[B[F]]

(3) 使用 Circle 方法画圆、椭圆、弧和扇形。语法格式为：

  Object. Circle [Step] (x,y),r,[Color],[Start,End],[Aspect]

其中，Start 和 End 参数指定画弧时的起止角度（以弧度为单位），Aspect 参数指定画椭圆时的高宽比。

上述 3 个绘图方法中，"[ ]"表示该参数可以省略，但必须使用逗号保留其位置。如果省略 Color 参数，则使用对象的 ForeColor 属性作为图形的边框线条和点的颜色。Step 参数表示使用相对于 CurentX 和 CurrentY 属性值的相对坐标。

对象的 DrawWidth 决定边框线条的宽度和点的大小；对象的 FillStyle 和 FillColor 属性决定所画封闭图形的填充样式和填充颜色。

(4) DrawMode 属性。此属性决定直线、矩形、圆、弧等线条及其填充的绘制颜色，此颜色由"画笔色"（绘图方法的颜色参数或 ForeColor、FillColor 属性值指定的颜色）和"背景色"（屏幕上原来的颜色）运算得到。DrawMode 属性取值及意义如表 10.2 所示。

DrawMode 属性的默认值为"13"，使用画笔色，即绘图方法的颜色参数或 ForeColor、FillColor 属性值指定的颜色。如果使用其他值，可以实现特殊显示效果。

例如，如果窗体的背景色（BackColor 属性）为红色（&H000000FF），将其 DrawMode 属性设置为 10，使用下面语句绘制的圆形将是绿色的。

  Circle (500,500),500,vbBlue

vbBlue 是蓝色(&H00FF0000)，实际绘制使用的颜色是绿色：

  Not(&H000000FF Xor &H00FF0000)=Not(&H00FF00FF)=&H0000FF00

如果绘图背景不是单一的颜色而是图片，绘制时在每个像素上都要进行画笔色和背景色之间的运算（按位逻辑运算）。

DrawMode 属性比较常用的模式有 6（背景色取反）和 7（异或）。使用模式 6，在复杂的图片上绘制图形可以被清楚地识别，并且使用相同的代码重画一次可以完全擦除所绘图形。这种方法常用来绘制快速移动的光标线和动画。

例如,无论 Picture1 的背景色和前景色的设置如何,下面程序的执行结果都是单击 Command1 时画线,而单击 Command2 时擦除刚刚画的线。

```
Private Sub Command1_Click()
    Picture1.Line (0,0)-(1000,1000)    '用反色绘制直线
End Sub
Private Sub Command2_Click()
    Picture1.Line (0,0)-(1000,1000)    '用反色绘制,直线被擦除
End Sub
Private Sub Form_Load()
    Picture1.DrawMode = 6
End Sub
```

表 10.2　DrawMode 属性值及其使用颜色

属性值	常量	绘制时使用的颜色
1	vbBlackness	黑色,忽略画笔色和背景色
2	vbNotMergePen	Not((画笔色)Or(背景色))
3	vbMaskNotPen	(Not(画笔色))And(背景色)
4	vbNotCopyPen	Not(画笔色)
5	vbMaskPenNot	(画笔色)And(Not(背景色))
6	vbInvert	Not(背景色)
7	vbXorPen	(画笔色)Xor(背景色)
8	vbNotMaskPen	Not((画笔色)And(背景色))
9	vbMaskPen	(画笔色)And(背景色)
10	vbNotXorPen	Not((画笔色)Xor(背景色))
11	vbNop	不绘制
12	vbMergeNotPen	Not(画笔色)Or(背景色)
13	vbCopyPen	默认值,使用画笔色
14	vbMergePenNot	(画笔色)Or Not(背景色)
15	vbMergePen	(画笔色)Or(背景色)
16	vbWhiteness	白色,忽略画笔色和背景色

3. 创建非矩形窗口

有些程序,特别是小型的工具软件,常以特殊的窗口形状出现。在 Visual Basic 中可以通过调用 API 函数来创建非矩形窗口。

(1)创建区域。

"区域"是 Windows 系统图形开发中的名词,表示由直线和曲线边界围成的二维封闭区间。区域可用于图形绘制和改变窗口形状。API 提供了专门创建简单区域的函数和对区域进行操作的函数。

①创建矩形区域:使用 CreateRectRgn 函数可以创建矩形区域。函数说明如下:

```
Public Declare Function CreateRectRgn Lib "gdi32" Alias "CreateRectRgn"_
    (ByVal x1 As Long, ByVal y1 As Long, ByVal x2 As Long, ByVal y2 As Long) As Long
```

其中,参数 x1、y1 和 x2、y2 分别指定区域左上角和右下角的坐标,如图 10.57(a)所示。创建区域时以像素为单位,水平向右及垂直向下为正。

函数返回的长整型值实际上是所创建区域在内存中的地址(称为区域的句柄),该返回值可以作为参数代表该区域调用其他的 API 函数。

②创建椭圆区域:使用 CreateEllipticRgn 函数创建椭圆区域。函数说明如下:

```
Public Declare Function CreateEllipticRgn Lib "gdi32" (ByVal x1 As Long, _
    ByVal y1 As Long, ByVal x2 As Long, ByVal y2 As Long) As Long
```

其中,参数 x1、y1 和 x2、y2 分别定义一个矩形的左上角和右下角,生成的是位于这个矩形内并与之相切的椭圆区域,如图 10.57(b)所示。如果参数 x1、y1 和 x2、y2 指定的是正方形,则生成一个圆形的区域。

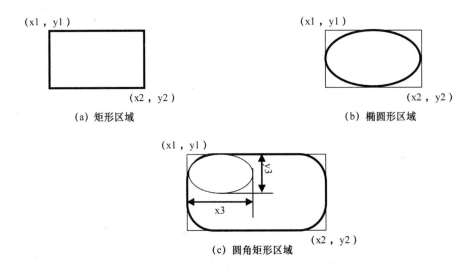

图 10.57 使用 API 函数创建的区域

③创建圆角矩形区域:使用 CreateRoundRectRgn 函数可以创建圆角矩形区域。函数说明如下:

```
Public Declare Function CreateRoundRectRgn Lib "gdi32" (ByVal x1 As Long, _
    ByVal y1 As Long, ByVal x2 As Long, ByVal y2 As Long, ByVal x3 As Long,   _
    ByVal y3 As Long) As Long
```

圆角矩形实际上是直角矩形用椭圆截去 4 个角形成的。函数说明中的参数 x1、y1 和 x2、y2 分别是直角矩形左上角和右下角的坐标,x3 和 y3 分别是椭圆的宽和高,如图 10.57(c)所示,最终生成的区域是图中粗线所围成的范围。

上述 3 个 API 函数创建区域时使用的坐标原点是窗体外框的左上角,坐标单位为像素。

(2)操作区域。

①移动区域:使用 OffsetRgn 函数可以移动指定的区域。函数说明如下:

Public Declare Function OffsetRgn Lib "gdi32" Alias "OffsetRgn" (ByVal hRgn As Long, _ByVal x As Long, ByVal y As Long) As Long

OffsetRgn 函数将 hRgn 参数指定的区域在水平方向和垂直方向各移动 x 和 y 参数指定的距离(以像素为单位)。返回值表示函数执行的结果,是以下的常量之一:

NULLREGION	'区域为空
SIMPLEREGION	'区域是单个矩形
COMPLEXREGION	'区域不是单个矩形
ERROR	'出错,原区域不变

例如,下面的程序先创建一个矩形区域,然后将其移动一段距离:

```
Dim rgn1 As Long
rgn1 = CreateRectRgn(0, 0, 100, 200)        '创建区域
Call OffsetRgn(rgn1, 10, 20)                '移动区域,忽略函数的返回值
```

②组合区域:使用 CombineRgn 函数可将两个区域组合为一个区域,函数声明如下:

Public Declare Function CombineRgn Lib "gdi32" Alias "CombineRgn" _
(ByVal hDestRgn As Long, ByVal hSrcRgn1 As Long, ByVal hSrcRgn2 As Long, _
ByVal nCombineMode As Long) As Long

其中,参数 hDestRgn 保存组合的结果区域;hSrcRgn1 和 hSrcRgn2 参数指定参与运算的"源区域";nCombineMode 参数指定组合的方式,可以是下列 5 种取值之一,每种取值的执行结果如图 10.58 所示(深色部分是圆形区域和矩形区域的组合结果)。

RGN_AND	'创建两个源区域的重叠区域
RGN_COPY	'创建与 hrgnsrc1 一样的区域
RGN_DIFF	'创建 hrgnsrc1 减去与 hrgnsrc2 公共部分剩下的区域
RGN_OR	'创建两个源区域合并后的区域
RGN_XOR	'创建两个源区域合并后再减去公共部分的区域

使用 CombineRgn 函数可以创建出各种各样特殊区域,它的返回值与 OffsetRgn 函数的返回值相同。尽管 hDestRgn 参数是用来保存得到组合结果的,但是调用 CombineRgn 函数之前,hDestRgn 参数必须是一个合法的区域。

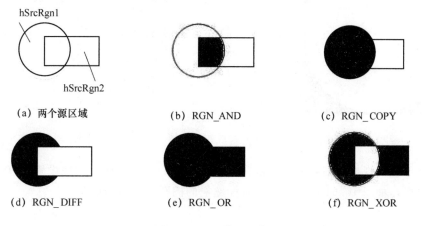

图 10.58　区域的组合

CombineRgn 函数并不要求两个"源区域"必须相交,相分离的两个区域也可以进行组合。下面的程序段生成如图 10.59 所示的空心区域,即从正方形中挖去一个圆形。

```
Dim rgn1 As Long
Dim rgn2 As Long
Dim rgn3 As Long
rgn1 = CreateRectRgn(0, 0, 200, 200)           '创建矩形区域
rgn2 = CreateEllipticRgn(0, 0, 200, 200)       '创建圆形区域
rgn3 = rgn1                                    '必须使 rgn3 变量保存合法的区域
CombineRgn rgn3, rgn1, rgn2, rgn_diff          '在矩形区域中减去圆形区域
```

(3) 改变窗口形状。

使用 SetWindowsRgn 函数可将创建好的区域施加到要改变形状的窗体上,区域以外的部分会被裁剪掉,剩下的是和区域形状相同的部分窗口。SetWindowsRgn 函数声明如下:

```
Public Declare Function SetWindowRgn Lib "user32" Alias "SetWindowRgn" _
    (ByVal hWnd As Long, ByVal hRgn As Long, ByVal bRedraw As Boolean) As Long
```

其中,参数 hWnd 是一个指向目标窗体的指针,可以使用被改变窗体的 hWnd 属性值;hRgn 参数指定要使用的区域,可以使用创建区域函数的返回值;bRedraw 参数指定设置区域之后是否重绘窗体,设置为"True"即可。

使用 SetWindowRgn 函数时,区域的原点(0,0)是和窗体外侧左上角重合的,所以如图 10.60 所示的区域中包含了窗口的标题栏,其实现代码如下:

```
Dim rgn1 As Long
Private Sub Form_Load()
    Rgn1 = CreateEllipticRgn(0, 0, 200, 200)   '创建圆形区域
    SetWindowRgn Form1.hWnd, rgn1, True        '改变窗口形状
End Sub
```

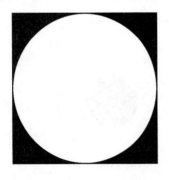

图 10.59　空心区域

图 10.60　带"标题栏"圆形窗体

如果不希望出现标题栏,一般情况下,可将窗体的 BorderStyle 属性设置为"0-None"(无边框和标题栏),如图 10.61 所示即为没有标题栏的椭圆和圆角矩形窗口。

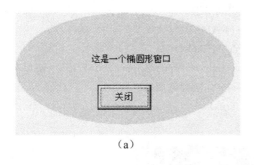

(a)   (b)

图 10.61   椭圆和圆角矩形窗口

其实现代码如下：

```
Private Sub Form_Load()
    Dim rgn1 As Long
    rgn1 = CreateEllipticRgn(0, 0, 300, 150)            '创建椭圆形区域
    rgn1 = CreateRoundRectRgn(0, 0, 300, 150, 30, 40)   '创建圆角矩形区域
    SetWindowRgn Form1.hWnd, rgn1, True
End Sub
```

如果像上面所述，将窗体的 BorderStyle 属性设置为"0-None"，会使窗体在 Windows 操作系统任务栏上不显示图标，也不能通过 Alt＋Tab 组合键与其他窗口进行切换，使用起来不方便。所以一般情况下是将窗体的 BorderStyle 属性设置为非 0（即有边框），然后创建区域。

若窗体有边框，就必须考虑边框、标题栏和菜单栏等界面元素对坐标的影响。如果照搬前面的语句，会生成如图 10.60 所示的窗口区域（包含了一部分标题栏）。因为区域的坐标是从窗体外侧左上角算起的，所以边框、标题栏等元素的宽度和高度都要考虑才能得到正确的区域。

不同的计算机设置，不同的边框类型会导致这些界面元素的尺寸不能在设计时确定，只能使用 API 函数 GetSystemMetrics 来计算得到。

GetSystemMetrics 函数声明及其所用的常量如下所示：

```
Public Declare Function GetSystemMetrics Lib "user32" Alias "GetSystemMetrics"_
    (ByVal nIndex As Long) As Long
Public  Const    SM_CYMENU=15              '菜单条高度
Public  Const    SM_CYCAPTION=4            '标题栏高度
Public  Const    SM_CXFRAME=32             '左右边框宽度
Public  Const    SM_CYFRAME=33             '上下边框高度
```

使用 4 个常量之一去调用 GetSystemMetrics 函数可得到相应界面元素的尺寸。

下面的代码则实现了设计的椭圆形窗口不包括部分标题栏和边框，如图 10.62 所示。

```
Private Sub Form_Load()
    Dim rgn1 As Long
    Dim borderwidth As Integer
    Dim borderheight As Integer
    Dim captionheight As Integer
```

```
        borderwidth = GetSystemMetrics(SM_CXFRAME)
        borderheight = GetSystemMetrics(SM_CYFRAME)
        captionheight = GetSystemMetrics(SM_CYCAPTION)
        rgn1 = CreateEllipticRgn(borderwidth, borderheight + captionheight, 300 + borderwidth, _
            150 + borderheight + captionheight)     '创建椭圆形区域
        Call SetWindowRgn(Form1.hWnd, rgn1, True)
    End Sub
```

图 10.62　正确的不带边框的区域

4. 使窗口位于最顶层

Windows 是多任务系统,允许同时运行多个应用程序、显示多个窗口。在多个打开的窗口中,只有一个是当前活动窗口,其他窗口为非活动窗口。一般情况下,活动窗口是最顶层窗口,它会遮盖其他非活动窗口。但是,有时希望某些窗口即使是非活动窗口,也不被其他窗口遮盖,也就是使之总是处于最顶层。

Windows API 函数 SetWindowPos 可以将指定窗口设置为最顶层窗口。使用 API 浏览器将该函数和相关常量的声明添加到工程中,如下所示:

```
Public Declare Function SetWindowPos Lib "user32" Alias "SetWindowPos" (ByVal hwnd_
    As Long, ByVal hWndInsertAfter As Long, ByVal x As Long, ByVal y As Long, ByVal cx_
    As Long, ByVal cy As Long, ByVal wFlags As Long) As Long
Public Const SWP_NOMOVE = &H2
Public Const SWP_NOSIZE = &H1
Public Const HWND_NOTOPMOST = -2
Public Const HWND_TOPMOST = -1
```

SetWindowPos 函数可以改变一个窗口的位置、大小以及和其他窗口的叠放层次。如果只是设置和取消最顶层窗口,该函数的 x、y、cx 和 cy 参数可以随便设置(一般赋 0)。hWnd 参数为要设置窗口的句柄,可以使用该窗体的 hWnd 属性值;设置和取消最顶层设置时 hWndInsertAfter 参数分别为常量 HWND_TOPMOST(设置最顶层)和 HWND_NOTOPMOST(取消最顶层设置);wFlags 参数为 SWP_NOMOVE 和 SWP_NOSIZE 常量的逻辑"或"运算。

下面两条语句分别设置当前窗口为最顶层窗口和非最顶层窗口:

```
        SetWindowPos Me.hwnd, HWND_TOPMOST, 0, 0, 0, 0, SWP_NOMOVE Or SWP_NOSIZE
        SetWindowPos Me.hwnd, HWND_NOTOPMOST, 0, 0, 0, 0, SWP_NOMOVE Or SWP_NOSIZE
```

5. 应用配置文件

配置文件是一种特殊格式的文本文件,一般以".ini"为扩展名(在实际使用时可以使用其他的扩展名)。应用程序可以使用配置文件保存程序的设置和用户的偏好。

(1)配置文件的结构。配置文件中可以有多个"节"(由方括号"[ ]"括起),每节中可以有多个"键","键"由"键名"和"键值"组成,以等号"="连接,格式如下:

[节名]
键名=键值
…

如图 10.63 所示的是一个实际的配置文件。

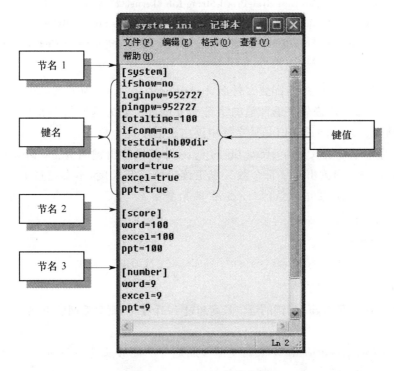

图 10.63 配置文件的结构

注意:

在读写配置文件时,其中的空行被忽略,以分号";"开头的行作为注释内容也被忽略。节名不能重复,同节中的键名也不能重复。

因为配置文件的特殊格式,Windows 提供了专门的 API 函数对其进行读写。与一般的文本文件读写操作相比,配置文件的读写不必使用 Open 和 Close 语句打开或关闭,更加简便。

(2)写配置文件。使用 WritePrivateProfileString 函数可在配置文件的指定节中写入一个键,此函数的声明语句如下:

Public Declare Function WritePrivateProfileString Lib "kernel32" Alias _
    "WritePrivateProfileStringA" (ByVal lpApplicationName As String, ByVal _
    lpKeyName As Any, ByVal lpString As Any, ByVal lpFileName As String) As Long

其中,lpFileName 参数为配置文件名,lpApplicationName 为节名,lpKeyName 为键名,

lpString 为键值。下面的函数在当前目录下的"system.ini"文件的 system 节中添加 Win=false 的键：

  Call WritePrivateProfileString("system","Win","false",app.path+"\system.ini")

  使用 WritePrivateProfileString 函数写文件时，如果指定的文件不存在会自动创建，如果文件中无指定的节名也会自动创建，所以没有专门建立配置文件和节的函数。如果指定的节中已有同名的键，会被新值覆盖。

  (3) 读配置文件。

  使用 GetPrivateProfileString 函数从配置文件中读出一个键值。该函数的声明如下：

```
Public Declare Function GetPrivateProfileString Lib "kernel32" Alias _
    "GetPrivateProfileStringA" (ByVal lpApplicationName As String, ByVal _
    lpKeyName As Any, ByVal lpDefault As String, ByVal lpReturnedString As String, _
    ByVal nSize As Long, ByVal lpFileName As String) As Long
```

  其中，lpFileName 参数指定配置文件名，lpApplicationName 为节名，lpKeyName 为键名，lpReturnedString 参数用来保存返回值的字符串变量，nSize 为返回值字符串变量的长度，lpDefault 为默认值。函数的返回值是从文件中读出来的字符个数。

  下面的程序段从配置文件 system.ini 的 system 节中读出键名为 loginpw 的键值。读出的值赋给变量 s，并返回读出的字符个数。真正读出的字节长度，不会超过 nSize 参数值。如果未找到指定的键，以提供的默认值"123456"赋给变量 s。

```
Dim s As String * 10
Dim n As Integer
n = GetPrivateProfileString("system","loginpw","123456",s,10,_
App.Path +"system.ini")
```

  在该程序段中，如果 loginpw 键的键值长度超过 10 个字节，则只返回前 10 个字节的内容。

注意：

  ① 对应于 lpReturnedString 参数的变量 s 应是一个足够长的字符串变量，否则不能容纳读出的字符。

  ② s 可以是一个定长字符串变量，也可以是一个当前值为足够长字符串的变长字符串变量。nSize 参数的值不能大于 lpReturnedString 参数的实际长度，否则会造成内存溢出的严重错误。

  下面的程序段在执行过程中会出现错误：

```
Dim s As String              '变长字符串
s = "Hello,World!"           '字符串当前长度为 12 字节
Dim n As Integer             '下一条语句可能出错
n = GetPrivateProfileString("system", "loginpw", "123456", s, 20, _
App.Path + "system.ini")
```

  在该程序段中，nSize 参数指定为 20，超出了变量 s 的实际长度（12 字节），如果 loginpw 键的键值长度大于 12 个字节，再调用 GetPrivateProfileString 函数时会出错。

  GetPrivateProfileString 函数的返回值 n 也要充分利用，因为 s 字符串中只有前 n 个字节

是从文件中读出的,其他字节可能是字符串原来的字符。如果在指定的节中没有找到要读的键名,则返回值为"0"。

注意:

①因为一个汉字占用两个字节,在内存中和在文件读写过程中字符个数的计算方法并不相同,所以 GetPrivateProfileString 函数的返回值 n 并不能准确反映实际读取的字符个数。

②从配置文件中读入的信息经常包括特殊字符 Chr(0),要排除该字符的干扰。

二、题目介绍

本题目要求编制一个电子时钟程序,同时提供如图 10.64 所示的两种风格显示时间,一种是传统的指针式,另一种是仿数字式电子表的 LED/LCD 数码管显示方式。

三、功能要求

(1)程序启动时,以 10.64(a)所示指针风格显示当前系统时间,时针、分针和秒针实时地进行移动。

(a) 指针式时钟

(b) 数码管电子钟

图 10.64 两种风格的时钟界面

(2)右击时钟表面,弹出快捷菜单,如图 10.65(a)和 10.65(b)所示,从快捷菜单中选择"数字式",时钟界面切换为如图 10.64(b)所示的数码管电子钟。在数码管电子钟界面上右击弹出快捷菜单,如图 10.65(c)所示,该菜单与指针界面下的菜单有所不同。选择"指针式"命令可以返回指针风格。

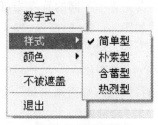
(a) 指针式下的快捷菜单一

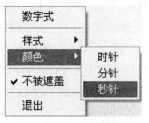
(b) 指针式下的快捷菜单二

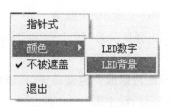
(c) 数码管式下的快捷菜单

图 10.65 时钟程序的快捷菜单

(3) 在指针风格下，从快捷菜单中的"样式"子菜单（见图 10.65(a)）选择一种样式，可以改变指针式的表盘图片，如图 10.66 所示。

　　(a) 简单型　　　　　(b) 朴素型　　　　　(c) 含蓄型　　　　　(d) 热烈型

图 10.66　4 种指针风格表盘样式

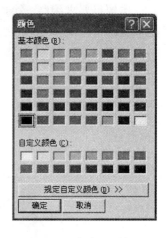

(4) 在指针风格下，通过"颜色"菜单（见图 10.65(b)）可以打开"颜色"对话框，如图 10.67 所示，分别为时针、分针和秒针指定不同的颜色。在数码管电子钟风格下，通过"颜色"菜单（见图 10.65(c)）可以为 LED 数字和背景指定不同的颜色。

(5) 本程序要求使用非矩形窗口，特别是指针方式下，窗口是圆形的。时钟程序不需要标题栏和边框等窗口元素，使用鼠标按着时钟任何位置拖动便可移动时钟的位置，使用快捷菜单中的"退出"命令可关闭程序。

(6) 为了便于用户了解时间，要求时钟具有"不被遮盖"功能。从快捷菜单中选择"不被遮盖"命令使之前面出现选中标记，这时，时钟窗口总是位于屏幕最顶层不被其他窗口覆盖。

图 10.67　颜色对话框

四、难点提示

(1) 指针风格下，使用 3 个 Line 控件表示时钟的时针、分针和秒针，也可以使用绘图方法 Line 实时地绘制 3 个针。表面的图片和时间刻度均事先在图片中画好。图片样式可自行设定，图片可自选。

(2) 使用 LED 数码管风格显示时间是本题的难点之一，因为题目要求可以改变数字的前景色和背景色，所以不能使用图片绘制方法，只能通过绘图方法画线生成。

如图 10.68 所示，一位 LED 方式的数字(0～9)可以使用 7 段数码管显示。一个 7 段数码管由 7 段小发光管组成，如图 10.68(a)所示，编号为 1～7，这 7 个发光管中不同的管发光可以生成 0～9 这 10 个数字。如 7 个发光管全部亮，则显示为数字"8"如图 10.68(b)所示；发光管 1、2、3 亮显示为"7"，1～6 亮显示为"0"，1、2、3、4、7 亮显示为"3"。

将 7 段数码管放大得到图 10.68(c)，可见 7 段中的每段都可以用 3 条挨在一起长短不同的直线段组成。也就是说，可以使用画线的方法画出 7 段数码管的每一段，继而画出每一个想要显示的数字来。

绘制 7 段数码管数字，应特别注意坐标的定位，最好编写通用的过程进行结构化调用，切勿代码太乱、重复太多。

(3) 使用窗体的 PopupMenu 方法显示快捷菜单。要在不同的风格下显示不同的菜单，其实完全可以设计一个菜单,在不同的情况下将不需要的菜单项隐藏即可。

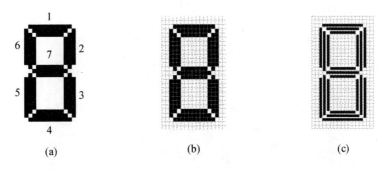

图 10.68　7 段数码管

(4)非矩形窗口一般没有标题栏,需要使用鼠标拖动窗口任意位置来移动窗口,这可以通过处理窗体的 MouseDown 和 MouseMove 事件实现。

五、更进一步

(1)为程序添加保存设置的功能,即启动时钟程序时的风格、样式、颜色自动应用上一次运行时的设置。

(2)增加调整时间的功能。当系统时钟与真实时间不符时,可以通过程序提供的调整时间功能调整为正确的时间。

六、强化训练

设计一个电子台历。

(1)功能要求如下。

台历是人们办公、学习的好帮手,人们将它置于案头用来查看日期、星期,并可以方便地记事。要求设计一个电子台历,实现台历的一般功能。

①运行程序,显示如图 10.69 所示的圆角矩形窗口,并自动显示当前月月历。主窗口左上方显示年和月,左下方显示当前日期。要求从星期一开始排列,星期六和星期日的日期以不同的颜色显示,并能够正确处理大月、小月和闰月。

②单击左上角的年份和月份数字可以查看不同年月的月历(左键增大、右键减小),单击某个日期会在窗口右半部分显示此日期是否为节日、是否有记事内容。如果既无节日也无记事,显示如图 10.69 所示的"无记事",否则以序号列出该日期所有的节日和记事,如图 10.70 所示。

③双击左下角的当天日期,可以使台历立即显示当月月历。

④鼠标指针在窗口上移动,如果变为 形状,表示该位置上可以进行单击操作;鼠标指针为 时,表示可以通过拖动来移动整个台历窗口。

⑤在窗口的空白处右击,弹出如图 10.71 所示的菜单。通过"颜色"子菜单的 6 个菜单项可以为窗口上所有显示内容设置颜色(弹出"颜色"对话框);通过"字体"子菜单的 4 个菜单项

可以为所有显示内容设置字体(弹出"字体"对话框);从"背景"子菜单这选择一个菜单项会以不同的图片作为窗口的背景显示。

图 10.69　电子台历显示当前日期

图 10.70　显示多个节日与记事

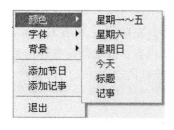  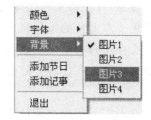

图 10.71　弹出的快捷菜单

⑥所有颜色、字体和背景图片的设置会自动保存,下次启动"电子台历"时自动应用上一次的设置。

⑦从快捷菜单中选择"添加节日"命令,弹出如图 10.72 所示的对话框。从组合框中选择

月份、日提，并输入节日名，然后单击"确定"命令按钮可以完成一个节日的登记。

⑧从快捷菜单中选择"添加记事"命令，弹出如图 10.73 所示的对话框。从组合框中选择年、月、日，并输入记事内容，然后单击"确定"命令按钮可以添加一项记事。

图 10.72　"添加节日"对话框

图 10.73　"添加记事"对话框

可以在同一个日期添加多个节日和记事，既可以为过去的日期添加记事，也可以为将来的日期添加记事；既可以查看将来的记事，也可以查看过去的记事。

⑨从快捷菜单中选择"退出"命令可结束程序。

(2) 难点提示如下。

①本程序应使用非矩形窗口，调用 API 函数 CreateRoundRectRgn、SetWindowRgn、GetSystemMetrics 等及相关常量。

②本程序中的数据应保存在配置文件，调用 API 函数 WritePrivateProfileString 和 GetPrivateProfileString。

③配置文件用于保存关于颜色、字体和图片的设置以及节日和记事内容，图 10.74 是该文件的存储格式。

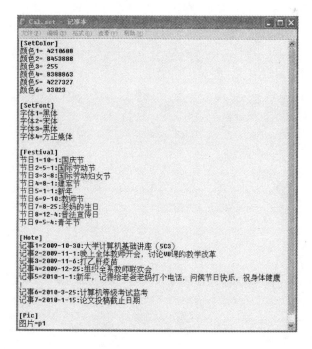

图 10.74　配置文件格式

④程序的主窗口使用了图片作为背景,背景图片可根据配置文件中[Pic]节中记录的文件名(如 p3)去读取加载指定文件夹中的同名位图文件。

⑤为了使所显示的日期文字不遮盖背景图片,不能使用文本框、列表框等控件,可使用标签控件数组,并将其背景设为透明。为了使文字具有浮于图片之上的立体感,可使用内容相同但颜色深浅不同且位置相对错开一点的两个标签控件来实现。

⑥计算某年某月的天数,可以使用 Visual Basic 内部函数 DateDiff 和 DateSerial。假设要得到 m 年 n 月共多少天,可以按如下方式调用:

   days = DateDiff("d", DateSerial(m, n, 1), DateSerial(m, n + 1, 1))

计算某个日期是星期几,可以调用 Visual Basic 的内部函数 WeekDay。

第 11 章 模 拟 测 验

测验 11.1 Visual Basic 模拟试卷(1)

一、单项选择题(每题 1 分,共 40 分)

1. Visual Basic 的启动有多种方法,下面不能启动 Visual Basic 的是(　　)。
   A. 使用"开始"菜单中的"程序"命令
   B. 使用"开始"菜单中的"运行"命令,在对话框中输入 Visual Basic 启动文件的名字
   C. 在 Visual Basic 所在硬盘驱动器中找到相应的 Visual Basic 文件夹
   D. 先打开 Visual Basic 的"文件"菜单,再按 Alt＋Q 组合键

2. Visual Basic 的工程资源管理器可管理多种类型的文件,下面叙述不正确的是(　　)。
   A. 窗体文件的扩展名为".frm",每个窗体对应一个窗体文件
   B. 标准模块是一个纯代码性质的文件,它不属于任何一个窗体
   C. 用户通过类模块来定义自己的类,每个类都用一个文件来保存,其扩展名为".bas"
   D. 资源文件是一种纯文本文件,可以用简单的文字编辑器来编辑

3. 下列变量名中,合法的变量名是(　　)。
   A. C24　　　　　B. A B　　　　　C. A;B　　　　　D. 1+2

4. 为了暂时关闭计时器,应把该计时器的某个属性设置为"False",这个属性是(　　)。
   A. Visible　　　B. Timer　　　C. Enabled　　　D. Interval

5. 表达式 4＋5\6 * 7 / 8 Mod 9 的值是(　　)。
   A. 4　　　　　B. 5　　　　　C. 6　　　　　D. 7

6. 为了在按下回车键时执行某个命令按钮的事件过程,需要把该命令按钮的一个属性设置为"True",这个属性是(　　)。
   A. Value　　　B. Default　　　C. Cancel　　　D. Enabled

7. 控件被添加到窗体上,但在程序运行阶段不被显示的是(　　)。
   A. Label　　　B. Timer　　　C. Frame　　　D. Picture

8. 若要将窗体从内存中卸载出去,其实现的方法是(　　)。
   A. Show　　　B. Load　　　C. Unload　　　D. Hide

9. 在 Visual Basic 工程中,可以作为启动对象的程序是(　　)。
   A. 任何窗体或标准模块　　　　　B. 任何窗体或过程

C. Sub Main 过程或其他任何模块　　　　　D. Sub Main 过程或任何窗体

10. 能够在代码中唯一确定一个对象的是它的(　　)属性。
A. Caption　　　　B. Text　　　　C. Style　　　　D. Name

11. 设置一个单选按钮(OptionButton)所代表选项的选中状态,应当在属性窗口中改变的属性是(　　)。
A. Caption　　　　B. Name　　　　C. Text　　　　D. Value

12. 滚动条控件的 LargeChange 属性所设置的是(　　)。
A. 单击滚动条和滚动箭头之间的区域时,滚动条控件 Value 属性值的改变量
B. 滚动条中滚动块的最大移动位置
C. 滚动条中滚动块的最大移动范围
D. 滚动条控件无该属性

13. 设 X 是一个整实数,对 X 的第二位小数四舍五入可使用的函数是(　　)。
A. Int(X+0.05)/10　　　　　　　　B. Int((X+0.05)/10)
C. Int(10 * (X+0.05))/10　　　　D. Int(10 * (X+0.05)/10)

14. 以下能够触发文本框 Change 事件的操作是(　　)。
A. 文本框失去焦点　　　　　　B. 文本框获得焦点
C. 设置文本框的焦点　　　　　D. 改变文本框的内容

15. 在窗体上画一个命令按钮,其名称为 Command1,然后编写如下事件过程:

```
Private Sub Command1_Click()
    a = 12345
    Print Format $ (a, "000.00")
End Sub
```

程序运行后,单击命令按钮,窗体上显示的是(　　)。
A. 123.45　　　　B. 12345.00　　　　C. 12345　　　　D. 00123.45

16. 退出 For 循环可使用的语句为(　　)。
A. Exit For　　　　B. End For　　　　C. Quit For　　　　D. End Do

17. 在 Visual Basic 中用(　　)关键字来定义常量。
A. Dim　　　　B. Static　　　　C. Const　　　　D. Redim

18. 引用列表框(List1)最后一个数据项应使用(　　)。
A. List1. List(List1. ListCount)　　　　B. List1. List(List1. ListCount−1)
C. List1. List(ListCount)　　　　　　　D. List1. List(ListCount−1)

19. 如果要在两个菜单命令项之间加一条分隔线,可在标题文本框中键入(　　)。
A. −　　　　B. +　　　　C. &　　　　D. =

20. 在 For…Next 循环语句中,如果省略 Step 子句,则循环的步长为(　　)。
A. −1　　　　B. 1　　　　C. 0　　　　D. 10

21. 执行语句 s=Len(Mid("VisualBasic",1,6))后,s 的值是(　　)。
A. Visual　　　　B. Basic　　　　C. 6　　　　D. 11

22. 假定有一个菜单项,名为 MenuItem,为了在运行时使该菜单项失效(变灰),应使用的语句为(　　)。

A. MenuItem. Enabled=False
B. MenuItem. Enabled=True
C. MenuItem. Visible=True
D. MenuItem. Visible=False

23. 在程序运行期间,只有在拖动滚动条上的滚动块时才触发的滚动条事件是(　　)。
A. Move　　　　　B. Scroll　　　　　C. Change　　　　　D. GetFocus

24. 程序运行后,在窗体上单击,此时窗体不会接收到的事件是(　　)。
A. MouseDown　　　B. MouseUp　　　　C. Load　　　　　D. Click

25. 为了把焦点移到某个指定的控件,所使用的方法是(　　)。
A. SetFocus　　　　B. Visible　　　　C. Refresh　　　　D. GetFocus

26. 执行如下语句:

　　　a=InputBox("Today","Tomorrow","Yesterday",,,"Day before yesterday",5)

将显示一个输入对话框,在对话框的输入区中显示的信息是(　　)。
A. Today　　　　　　　　　　　　　B. Tomorrow
C. Yesterday　　　　　　　　　　　D. Day before yesterday

27. 设 a=10,b=5,c=1,执行语句 Print a>b>c 后,窗体上显示的是(　　)。
A. True　　　　　B. False　　　　　C. 1　　　　　　D. 出错信息

28. 设有以下循环结构:

　　　Do
　　　　循环体
　　　Loop While <条件>

则以下叙述中错误的是(　　)。
A. 如果"条件"总是为"True",则不停地执行循环体
B. "条件"可以是关系表达式、逻辑表达式或常数
C. 循环体中可以使用 Exit Do 语句
D. 若"条件"是一个为 0 的常数,则一次也不执行循环体

29. 在窗体中添加一个命令按钮 Command1,并编写如下程序:

```
Private Sub Command1_Click()
    x=InputBox(x)
    If x^2=9 Then y=x
    If x^2<9 Then y=1/x
    If x^2>9 Then y=x^2+1
    Print y
End Sub
```

程序运行后,在 InputBox 中输入 3,单击命令按钮,程序的运行结果是(　　)。
A. 0.33　　　　　B. 3　　　　　C. 17　　　　　D. 0.25

30. 假定窗体上有一个标签,名为 Label1,为了使该标签透明并且没有边框,则正确的属性设置为(　　)。

A. Label1.BackStyle=0　　　　　　B. Label1.BackStyle=1
　Label1.Borderstyle=0　　　　　　 Label1.Borderstyle=1
C. Label1.BackStyle=True　　　　　D. Label1.BackStyle=False
　Label1.BorderStyle=True　　　　　Label1.Borderstyle=False

31. 在窗体上画一个文本框,然后编写如下事件过程：

```
Private Sub Form_Click()
    x = InputBox("请输入一个整数")
    Print x + Text1.Text
End Sub
```

程序运行时,在文本框中输入 456,然后单击窗体,在输入对话框中输入 123,单击"确定"按钮后,在窗体上显示的内容是(　　)。

A. 123　　　　B. 456　　　　C. 579　　　　D. 123456

32. 在窗体上画 4 个文本框,并用这 4 个文本框建立一个控件数组,名称为 Text1(下标从 0 开始,自左至右顺序增大),然后编写如下事件过程：

```
Private Sub Command1_Click()
    For Each TextBox In Text1
TextBox.Text = TextBox.Index
    Next
End Sub
```

程序运行后,单击命令按钮,4 个文本框中显示的内容分别为(　　)。

A. 0　1　2　3　　　　　　　　　　B. 1　2　3　4
C. 0　1　3　2　　　　　　　　　　D. 出错信息

33. 在窗体上画一个名称为 Command1 的命令按钮,然后编写如下事件过程：

```
Private Sub Command1_Click()
    Move 500,500
End Sub
```

程序运行后,单击命令按钮,执行的操作为(　　)。

A. 命令按钮移动到距窗体左边界、上边界各 500 的位置
B. 窗体移动到距屏幕左边界、上边界各 500 的位置
C. 命令按钮向左、上方向各移动 500
D. 窗体向左、上方向各移动 500

34. 若以读的方式打开顺序文件"d:\file1.dat",则正确的语句是(　　)。

A. Open "d:\file1.dat" For Output As #1
B. Open "d:\file1.dat" For Input As #1
C. Open "d:\file1.dat" For Binary As #1
D. Open "d:\file1.dat" For Random As #1

35. 通用对话框中过滤器的设置正确的方法为(　　)。

A. 文本文件(*.txt)||*.txt

B. TEXT(＊.txt)|＊.txt||RTF(＊.rtf)|＊.rtf
C. 文本文件(＊.txt)|.txt
D. TEXT(＊.txt)|＊.txt|ALL(＊.＊)|＊.＊

36. 执行下面三重循环后,a 的值为(　　)。

```
Private Sub Form_Click()
    For i = 1 To 3
        For j = 1 To i
            For k = j To 3
                a=a+1
            Next:Next:Next
End Sub
```

A. 3　　　　　　　B. 9　　　　　　　C. 14　　　　　　　D. 21

37. 以下定义数组或给数组元素赋值的语句中,正确的是(　　)。

A. Dim a As Variant
　　a=Array(1,2,3,4,5)
B. Dim a(10) As Integer
　　a=Array(1,2,3,4,5)
C. Dim a%(10)
　　a(1)="ABCDE"
D. Dim a(3),b(3) As Integer
　　a(0)=0
　　a(1)=1
　　a(2)=2
　　b=a

38. 假定有如下事件过程:

```
Private Sub Form_MouseDown(Button As integer,Shift As Integer,x as Single, y as Single)
    If Button=2 then
        PopupMenu popform
    Endif
End sub
```

则以下描述中错误的是(　　)。

A. 该过程的功能是弹出一个菜单
B. Popform 是在菜单编辑器中定义的弹出式菜单的名称
C. 参数 X、Y 指明鼠标的当前位置
D. Button=2 表示按下的是鼠标左键

39. 在窗体上画一个名称为 TxtA 的文本框,然后编写如下的事件过程:

```
Private Sub TxtA_KeyPress(KeyAscii as integer)
End Sub
```

若焦点位于文本框,则能够触发 KeyPress 事件的操作是(　　)。

A. 单击鼠标　　　　　　　　　　　B. 双击文本框
C. 按下键盘上的某个键　　　　　　D. 鼠标滑过文本框

40. 窗体中有 3 个按钮 Command1、Command2 和 Command3,该程序的功能是当单击按钮 Command1 时,按钮 2 可用,按钮 3 不可见,正确的程序是(　　)。

A. Private Sub Command1_Click( )
　　Command2.Visible=True
　　Command3.Visible=False
　End Sub

B. Private Sub Command1_Click( )
　　Command2.Enabled=True
　　Command3.Enabled=False
　End Sub

C. Private Sub Command1_Click( )
　　Command2.Enabled=True
　　Command3.Visible=False
　End Sub

D. Private Sub Command1_Click( )
　　Command2.Enabled=False
　　Command3.Visible=False
　End Sub

二、填空题(每空 1 分,共 20 分)

1. ＿＿＿＿＿＿和＿＿＿＿＿＿是使用 Visual Basic 进行程序设计的精髓所在。

2. 时钟控件能有规律的以一定时间间隔触发＿＿＿＿＿＿事件,并执行该事件过程中的程序代码。

3. 若要将窗体 Form1 隐藏起来,可调用其方法来实现,具体语句为＿＿＿＿＿＿。

4. Visual Basic 的对象主要分为＿＿＿＿＿＿和＿＿＿＿＿＿两大类。

5. X 为 200～300 之间的随机数,若在程序中生成 X,应使用＿＿＿＿＿＿语句。

6. Visual Basic 中两种菜单类型有＿＿＿＿＿＿和＿＿＿＿＿＿。

7. 给程序添加注释,可采用＿＿＿＿＿＿语句或在行首加＿＿＿＿＿＿标志。

8. Visual Basic 有＿＿＿＿＿＿、＿＿＿＿＿＿、＿＿＿＿＿＿3 种工作模式。

9. Visual Basic 中使用的 3 种过程分别是＿＿＿＿＿＿过程、＿＿＿＿＿＿过程和＿＿＿＿＿＿过程。

10. Visual Basic 应用程序中通常使用 3 种对话框,分别是＿＿＿＿＿＿、＿＿＿＿＿＿、＿＿＿＿＿＿。

三、判断正误(每题 1 分,共 10 分)

1. 在 Visual Basic 语法中,可以传递多个参数给函数并接受函数的多个返回值。

2. 使用其他语言(如 Visual C++)的程序员也可以使用由 Visual Basic 5 Custom Control Edition 创建的 ActiveX 控件。

3. End If 语句对单行 If 语句不需要。

4. Exit 语句的功能是退出当前应用程序。

5. 用户可以编写自定义过程和函数。

6. 当两个或更多的控件有相同的 Name 属性时,控件数组就存在。

7. 必须使用 Format( )函数适当地格式化日期和时间值,因为设置的日期和时间函数可能不能解释 International Settings 设置。

8. 可以把 Printer 对象添加到工具箱中。

9. 从一个过程的结束到该过程的下次运行,如果一个变量的值没有发生变化,那么该静态变量是一个全局变量。

10. 打印机集合中的每台打印机都有唯一索引,索引从 0 开始,每台打印机都可根据索引编号来引用。

四、编程题(每题 10 分,共 30 分)

1. 编程计算 1!＋2!＋…＋10! 的值,并将结果输出到窗体上。
要求:n! 用 Function 函数过程实现。

  Private Sub Form_Click()

  End Sub
  Private Function Fun(n as Integer)

  End Function

2. 设计一个电子滚动屏幕,如图 1 所示,用户单击"开始"命令按钮时,"热烈欢迎"几个汉字开始在窗体中自左向右移动,此时命令按钮标题属性改为"继续",并灰色显示。当用户单击"暂停"命令按钮时,屏幕上的字停止移动,该按钮变为灰色不可用状态,"继续"命令按钮变为黑色可用状态。单击"继续"命令按钮后,该按钮变为灰色不可用,"暂停"命令按钮变为黑色可用,文字继续移动。在窗体的加载过程中设置时钟控件的时间间隔为 100 ms。

图 1

  程序代码:

  Private Sub Form_Load()

  End Sub
  Private Sub Command1_Click()

  End Sub
  Private Sub Command2_Click()

  End Sub
  Private Sub Timer1_Timer()

  End Sub

3. 设计一个"通讯录"程序,如图 2 所示,当用户在下拉列表框 Combo1 中选择某个人姓名后,在"电话号码"文本框 Text1 中显示出对应的电话号码,当用户选择或者取消"单位"复选框 Check1 和"住址"复选框 Check2 后,将显示或隐藏"工作单位"文本框 Text2 和"家庭住址"文本框 Text3。下拉列表框初始状态有 4 个列表项,分别是"甲"、"乙"、"丙"、"丁",将其写在窗体加载过程中。通讯录内容如表 1 所示。

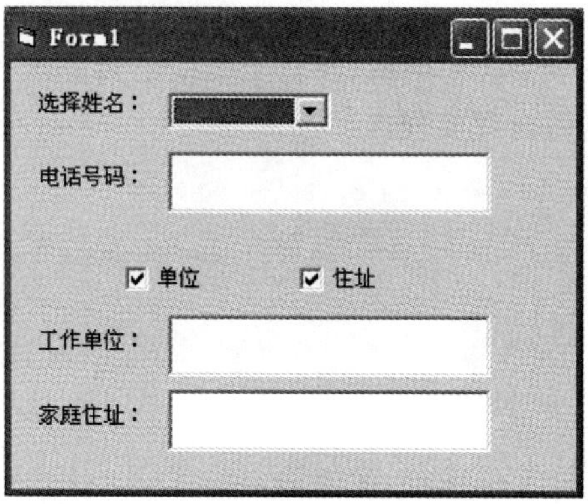

图 2

表 1

姓名	电话号码	工作单位	家庭住址
甲	1111	A	1#
乙	2222	B	2#
丙	3333	C	3#
丁	4444	D	4#

程序代码:

```
Private Sub Form_Load()

End Sub

Private Sub Check1_Click()

End Sub

Private Sub Check2_Click()

End Sub
Private Sub Combo1_Click()

End Sub
```

Visual Basic 模拟试卷(1)参考答案

一、单项选择题(每题 1 分,共 50 分)

1	2	3	4	5	6	7	8	9	10
C	C	A	C	B	B	B	C	D	D
11	12	13	14	15	16	17	18	19	20
D	A	C	D	B	A	C	B	A	B
21	22	23	24	25	26	27	28	29	30
C	A	B	C	D	C	B	D	B	A
31	32	33	34	35	36	37	38	39	40
D	A	B	B	D	C	A	D	C	C
41	42	43	44	45	46	47	48	49	50
C	B	C	B	C	C	A	D	B	A

二、填空题(每空 1 分,共 20 分)

1. 可视化 、 事件驱动
2. Timer
3. Form1.Hide
4. 窗体 、 控件
5. Rnd()*200＋100
6. 内建菜单 、 快捷菜单
7. Rem 、 '
8. 设计 、 运行 、 中断
9. Sub 子 、 Function 函数 、 属性
10. 预定义对话框 、 通用对话框 、 自定义对话框

三、判断正误(每题 1 分,共 10 分)

1. F 2. T 3. T 4. F 5. T 6. T 7. F 8. T 9. F 10. T

四、编程题(每题 10 分,共 30 分)

1.
```
Private Sub Form_Click()
    Dim i As Integer
    Dim s As Single
    s = 0
    For i = 1 To 10
        s = s + Fun(i)
    Next i
    Print s
End Sub
Private Function Fun(n as Integer)
    Dim i As Integer
    Dim f As Single
    f = 1
    For i = 1 To n
        f = f * i
    Next i
    Fun = f
End Function
```

2.
```
Private Sub Form_Load()
    Timer1.Interval = 100
End Sub
Private Sub Command1_Click()
    Command1.Caption = "继续"
    Timer1.Enabled = True
    Command1.Enabled = False
    Command2.Enabled = True
End Sub
Private Sub Command2_Click()
    Timer1.Enabled = False
    Command2.Enabled = False
    Command1.Enabled = True
End Sub
Private Sub Timer1_Timer()
    If Label1.Left > Form1.Width Then
        Label1.Left = 0
    Else
        Label1.Left = Label1.Left + 100
```

End If
End Sub

3.
Private Sub Form_Load()
    Text2.Visible = False
    Text3.Visible = False
    Combo1.AddItem "甲"
    Combo1.AddItem "乙"
    Combo1.AddItem "丙"
    Combo1.AddItem "丁"
End Sub
Private Sub Check1_Click()
    Text2.Visible = Check1.Value
End Sub

Private Sub Check2_Click()
    Text3.Visible = Check2.Value
End Sub

Private Sub Combo1_Click()
    Select Case Combo1.ListIndex
        Case 0
            Text1.Text = "1111"
            Text2.Text = "A"
            Text3.Text = "1#"
        Case 1
            Text1.Text = "2222"
            Text2.Text = "B"
            Text3.Text = "2#"
        Case 2
            Text1.Text = "3333"
            Text2.Text = "C"
            Text3.Text = "3#"
        Case 3
            Text1.Text = "4444"
            Text2.Text = "D"
            Text3.Text = "4#"
    End Select
End Sub

测验 11.2　Visual Basic 模拟试卷(2)

一、单项选择题(每题 1 分,共 40 分)

1. 以下叙述中正确的是(　　)。
   A. 窗体的 Name 属性的值是显示在窗体标题栏中的文本
   B. 窗体的 Name 属性指定窗体的名称,用来标识一个窗体
   C. 可以在运行期间改变对象的 Name 属性的值
   D. 对象的 Name 属性值可以为空

2. 以下合法的 Visual Basic 标识符是(　　)。
   A. ForLoop　　　　B. Const　　　　C. 9abc　　　　D. a♯x

3. 以下关系表达式中,其值为 False 的是(　　)。
   A. "ABC">"AbC"　　　　　　　　B. "the"<>"they"
   C. "VISUAL"=UCase("Visual")　　D. "Integer">"Int"

4. 用 Dim A (-3 To 5) As Integer 语句定义的数组的元素个数是(　　)。
   A. 6　　　　B. 7　　　　C. 8　　　　D. 9

5. 设 a="MicrosoftVisualBasic",则以下使变量 b 的值为"VisualBasic"的语句是(　　)。
   A. b=Left(a,10)　　　　B. b=Mid(a,10)
   C. b=Right(a,10)　　　D. b=Mid(a,11,10)

6. 若将变量 TestDate 声明为 Date 类型,则下列为变量 TestDate 赋值的语句中正确的是(　　)。
   A. TestDate=date("1/1/2002")　　　　B. TestDate=♯"1/1/2002"♯
   C. TestDate=♯1/1/2002♯　　　　　　D. TestDate=Format("m/d/yy","1/1/2002")

7. 窗体上有一个文本框,其 Name 属性为 Text1,并有如下事件过程:

```
PrivateSubForm_Load()
    Text1.Text=""
    Text1.SetFocus
    For i=1 To 10
Sum=Sum+i
    Next i
    Text1.Text=Sum
End Sub
```

上述程序的运行结果是(　　)。
A. 在文本框 Text1 中输出 55　　　　B. 在文本框 Text1 中输出 0
C. 语法错误　　　　　　　　　　　　D. 在文本框 Text1 中输出不定值

8. 如果要改变窗体的标题,则需要设置的属性是(　　)。

  A. Caption   B. Name   C. BackColor   D. BorderStyle

9. 为了在按下 Esc 键时执行某个命令按钮的 Click 事件过程,需要把该命令按钮的一个属性设置为 True,这个属性是(　　)。

  A. Value   B. Default   C. Cancel   D. Enabled

10. 在窗体上有若干控件,其中有一个名称为 Text1 的文本框。影响 Text1 的 Tab 顺序的属性是(　　)。

  A. TabStop   B. Enabled   C. Visible   D. TabIndex

11. 设置 Line 控件的(　　)属性可使其呈现不同式样。

  A. BorderStyle   B. Style   C. FillStyle   D. Shape

12. 下列(　　)方法不能触发命令按钮的 Click 事件。

  A. 在程序运行时单击命令按钮

  B. 在代码中设命令按钮的 Value 属性为 True

  C. 在设计时设命令按钮的 Default 属性为 True,运行时按 ESC 键

  D. 使用 Tab 键把焦点移到按钮上,然后按空格键或回车键

13. 设组合框 Combo1 中有 3 个项目,则能删除最后一项的语句是(　　)。

  A. Combo1. RemoveItem Text   B. Combo1. RemoveItem 2

  C. Combo1. RemoveItem 3   D. Combo1. RemoveItem Combo1. Listcount

14. 在设计阶段,当双击窗体上的某个控件时,所打开的窗口是(　　)。

  A. 工程资源管理器窗口   B. 代码窗口

  C. 工具箱窗口   D. 属性窗口

15. 在窗体上有一个文本框控 TxtTime;一个计时器控件 Timer1,要求每一秒钟在文本框中显示一次当前的时间。程序为:

  Private Sub Timer1 _____ ( )　TxtTime. text=TimeEnd Sub

在下划线上应填入的内容是(　　)。

  A. Enabled   B. Visible   C. Interval   D. Timer

16. 设菜单中有一个菜单项为"Open"。若要为该菜单命令设计访问键,即按下 Alt 及字母 O 时,能够执行"Open"命令,则在菜单编辑器中设置"Open"命令的方式是(　　)。

  A. 把 Caption 属性设置为 &Open

  B. 把 Caption 属性设置为 O&pen

  C. 把 Name 属性设置为 &Open

  D. 把 Name 属性设置为 O&pen

17. 设在菜单编辑器中定义了一个菜单项,名为 Menu1。为了在运行时隐藏该菜单项,应使用的语句是(　　)。

  A. Menu1. Enabled=True   B. Menu1. Enabled=False

  C. Menu1. Visible=True   D. Menu1. Visible=False

18. 计时器控件能正常工作应具备的两个条件是(　　)。

  A. Enabled 属性为 True 和 Interval 属性为 0

  B. Enabled 属性为 False 和 Interval 属性为 0

C. Enabled 属性为 True 和 Interval 属性非 0

D. Enabled 属性为 False 和 Interval 属性非 0

19. 在 Visual Basic 工程中,可以作为启动对象的程序是( )。

A. 任何窗体或标准模块　　　　　　B. 任何窗体或过程

C. Sub Main 过程或任何窗体　　　　D. Sub Main 过程或其他任何模块

20. "X 是小于 100 的非负数",用 Visual Basic 表达式表示正确的是( )。

A. $0 \leqslant X < 100$　　　　　　　　　B. $0 <= X < 100$

C. $X >= 0$ and $X < 100$　　　　　D. $0 <= X$ or $X < 100$

21. 以下关于 MsgBox 的叙述中,错误的是( )。

A. MsgBox 函数返回一个整数

B. 通过 MsgBox 函数可以设置信息框中图标和按钮的类型

C. MsgBox 语句没有返回值

D. MsgBox 函数的第一个参数是一个整数,该参数只能确定对话框中显示的按钮数量

22. 设有以下循环结构

```
Do
    循环体
Loop While <条件>
```

则以下叙述中错误的是( )。

A. 若"条件"是一个为 0 的常数,则一次也不执行循环体

B. "条件"可以是关系表达式、逻辑表达式或常数

C. 循环体中可以使用 Exit Do 语句

D. 如果"条件"总是为 True,则不停地执行循环体

23. 确定一个控件在窗体上的位置的属性是( )。

A. Width 和 Height　　　　　　　　B. Width 或 Height

C. Top 和 Left　　　　　　　　　　D. Top 或 Left

24. 文本框获得焦点时,能触发 KeyPress 事件的操作是( )。

A. 选定文本框中内容　　　　　　　B. 双击文本框

C. 按下键盘上的某个键　　　　　　D. 单击文本框

25. 能输出组合框 Combo1 中现有项目数的语句是( )。

A. Print Combo1. ListIndex　　　　　B. Print Combo1. Index

C. Print Combo1. ListCount　　　　　D. Print Combo1. Count

26. 在窗体上画一个命令按钮和一个文本框,其名称分别为 Command1 和 Text1,把文本框的 Text 属性设置为空白,然后编写如下事件过程:

```
Private Sub Command1_Click()
    a = InputBox("Enter an integer")
    b = InputBox("Enter an integer")
    Text1.Text = b + a
End Sub
```

程序运行后,单击命令按钮,如果在输入对话框中分别输入 8 和 10,则文本框中显示的内容是( )。

A. 18　　　　　B. 108　　　　　C. 810　　　　　D. 出错

27. 设 a=10,b=5,c=1,执行语句 Print a>b>c 后,窗体上显示的是( )。
    A. True   B. False   C. 1   D. 出错信息
28. 表示滚动条控件取值范围最大值的属性是( )。
    A. Max   B. LargeChange   C. Value   D. Max-Min
29. 执行语句 Open "Sample.dat" For Random As #1 Len = 50 后,对文件"Sample.dat"中的数据能够进行的操作是( )。
    A. 只能写不能读   B. 只能读不能写
    C. 即可以读,也可以写   D. 不能读,也不能写
30. 如下数组声明语句,正确的是( )。
    A. Dim a[3, 4] as Integer   B. Dim a(3, 4) as Integer
    C. Dim a(n, n) as Integer   D. Dim a[3][4] as Integer
31. 在三种不同风格的组合框中,用户不能输入数据的组合框是( )。
    A. 下拉式组合框   B. 简单组合框
    C. 下拉式列表框   D. 列表框
32. 设窗体上有一个列表框控件 List1,且其中含有若干列表项。则以下能表示当前被选中的列表项内容的是( )。
    A. List1.List   B. List1.ListIndex
    C. List1.Index   D. List1.Text
33. 如果一个工程含有多个窗体及标准模块,则以下叙述中错误的是( )。
    A. 如果工程中含有 Sub Main 过程,则程序一定首先执行该过程
    B. 不能把标准模块设置为启动模块
    C. 用 Hide 方法只是隐藏一个窗体,不能从内存中清除该窗体
    D. 任何时刻最多只有一个窗体是活动窗体
34. 设 S="中华人民共和国",表达式 Left(S,1)+Right(S,1)+Mid(S,3,2)的值为( )。
    A. "中华民国"   B. "中国人民"
    C. "中共人民"   D. "人民共和"
35. 以下叙述中错误的是( )。
    A. 下拉式菜单和弹出式菜单都用菜单编辑器建立
    B. 在多窗体程序中,每个窗体都可以建立自己的菜单系统
    C. 除分隔线外,所有菜单项都能接收 Click 事件
    D. 把菜单项的 Enabled 属性设置为 False,则该菜单项不可见
36. 若要在菜单中添加一个分隔线,则应将其 Caption 属性设置为( )。
    A. -   B. *   C. &   D. =
37. 以下程序段可实现 A、B 变量值互换的是( )。
    A. A=B:B=A   B. A=A+B:B=A-B:A=A-B
    C. A=C:C=B:B=A   D. A=(A+B)/2:B=(A-B)/2
38. 假定有如下的 Sub 过程:
    Sub S (x As Single, y As Single)   t = x   x = t / y   y = t Mod y End Sub

在窗体上添加一个命令按钮,然后编写如下事件过程:

```
Private Sub Command1_Click()
    Dim a As Single
    Dim b As Single
    a = 5：b = 4
    S a, b
    Print a, b
End Sub
```

程序运行时,单击命令按钮得到的结果(　　)。

A. 5　　4　　　　　B. 1　　1　　　　　C. 1.25　　4　　　　　D. 1.25　　1

39. 在窗体上添加一个命令按钮和三个标签,编写事件过程：

```
Private x As Integer
Private Sub Command1_Click()
    Static y As Integer
    Dim z As Integer
    N=10：z=N+z：y=y+z：x=x+z
    Label1.Caption = x
    Label2.Caption = y
    Label3.Caption = z
End Sub
```

程序运行后,连续三次单击命令按钮,则三个标签中显示的内容分别是(　　)。

A. 10　10　10　　　　　　　　　　B. 30　30　30

C. 30　30　10　　　　　　　　　　D. 10　30　30

40. 在窗体上画一个文本框(名称为 Text 1)和一个标签(名称为 Label 1),程序运行后,如果在文本框中输入文本,则标签中立即显示相同的内容。以下可以实现上述操作的事件过程是(　　)。

A. Private SubText1_Change( )　　　B. Private Sub Label1_Change()
   Label1.Caption=Text1.Text　　　　　　Label1.Caption=Text1.Text
   End Sub　　　　　　　　　　　　　　End Sub

C. Private Sub Text1_Click( )　　　　D. Private SubLabel1_Click( )
   Label1.Caption=Text1.Text　　　　　　Label1.Caption=Text1.Text
   End Sub　　　　　　　　　　　　　　End Sub

二、填空题(每空1分,共18分)

1. Visual Basic 是一种面向_____的可视化编程语言,它采用_____的编程机制。

2. 当要使标签框的大小随着 Caption 属性的值进行扩展或缩小时,应将该控件的_____属性设置为_____。

3. 现有自定义函数 beeps,写出调用该函数的两种方法(参数为5)_____和_____。

4. Visual Basic 的控件分为_____、_____和_____。
5. 列表框和组合框中,用_____方法来添加选项,用_____方法来删除一个选项。
6. 为了使时钟控件 Timer1 每隔 0.5 s 触发一次 Timer 事件,应将 Timer1 控件的属性设置为_____。
7. 当用户单击滚动条的空白处时,滑块移动的增量值由_____属性决定。
8. 清除列表框中的所有项目,调用方法实现。
9. 下面的程序是用比较法降数组 a 中的 10 个数按降序排列,请将程序填写完整。

```
Private Sub Command1_Click()
Dim a
Dim temp As Integer
a = Array(25, 16, 67, 34, 29, 48, 52, 13, 76, 80)
For i =
    For j =
        If a(i) a(j) Then
            temp = a(i)
            a(i) = a(j)
            a(j) = temp
        End If
    Next j
Next i
For i = 0 To 9
    Print a(i);
Next i
End Sub
```

三、程序运行结果(每空 3 分,共 12 分)

1. 执行下面程序:

```
Private Sub Form_Click()
    For i = 1 To 3
        For j = 1 To i
            For k = j To 3
                a=a+1
    Next:Next:Next
    Print "a=";a
End Sub
```

程序运行后,单击窗体,窗体上出现的值是。

2. 在窗体上画一个文本框,然后编写如下事件过程:

```
Private Sub Form_Click()
    x = InputBox("请输入一个整数")
```

```
        Print x + Text1.Text
End Sub
```

程序运行时,在文本框中输入 456,然后单击窗体,在输入对话框中输入 123,单击"确定"按钮后,在窗体上显示的内容是。

3. 执行以下程序段:

```
Private Sub Form_Click()
    j=0
    Do While j<30
        j=(j+1)*(j+2)
        k=k+1
    Loop
    Print k;j
End Sub
```

运行程序,单击窗体,输出结果是。

4. 执行如下程序:

```
Private Sub Command1_Click()
x = 1
For k = 1 To 3
    If k <= 1 Then a = x * x
    If k <= 2 Then a = x * x + 1
    If k >= 3 Then a = x * x + 2
    Print a;
Next k
End Sub
```

程序运行,单击 Command1 按钮后,窗体上显示的是。

四、编程题(每题 10 分,共 30 分)

1. 用以下公式求 $\sin x$ 的值。当最后一项的绝对值小于 10^{-7} 时,停止计算,x 的值由键盘输入。

$$\sin x = x - \frac{x^3}{3!} + \frac{x^5}{5!} - \frac{x^7}{7!} + \cdots + (-1)^{n-2}\frac{x^{2n-3}}{(2n-3)!} - (-1)^{n-1}\frac{x^{2n-1}}{(2n-1)!}$$

```
Private Sub Form_Click()


End Sub
```

2. 编写一个对列表框进行项目添加、修改和删除操作的程序,如图所示。(14 分)

各命令按钮功能如下:

(1)"添加"按钮:将文本框 Text1 中的内容作为列表项内容添加到列表框中,添加完毕将该文本框清空;

(2)"删除"按钮:将所选列表项从列表框中移去;

(3)"修改"按钮:将所选列表项的内容显示在文本框中,将光标设置在 Text1 中,同时确认按钮变为可用(初始时,确认按钮是不可用的);

(4)"确认"按钮:用文本框中的新内容更新列表框,更新完毕将文本框清空,同时确认按钮变为不可用。

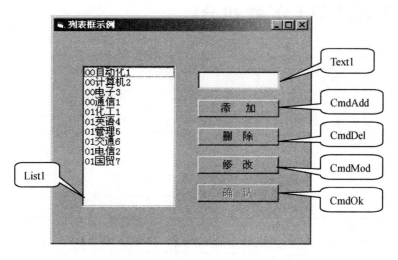

图 1

```
Private Sub Form_Load()             '设置确认按钮的初始状态
End Sub
Private Sub CmdAdd_Click()
End Sub
Private Sub CmdDel_Click()
End Sub
Private Sub CmdMod_Click()
End Sub
Private Sub CmdOk_Click()
End Sub
```

3. 使用数组存储任意的 10 个数,对其进行降序排列,并将结果输出到窗体上。

```
Private Sub Form_Click()

End Sub
```

Visual Basic 模拟试卷(2)参考答案

一、单项选择题(每题 1 分,共 40 分)

1	2	3	4	5	6	7	8	9	10
B	A	A	D	B	C	C	A	C	D
11	12	13	14	15	16	17	18	19	20
A	C	B	B	D	A	D	C	C	C
21	22	23	24	25	26	27	28	29	30
D	A	C	C	C	B	B	A	C	B
31	32	33	34	35	36	37	38	39	40
C	D	A	B	D	A	B	D	A	A

二、填空题(每空 1 分,共 18 分)

1. 对象、事件驱动
2. autosize、true
3. call beeps(5)、beep 5
4. 标准控件、ActiveX 控件、可插入对象
5. addItem、removeItem
6. Interval、500
7. LargeChange
8. Clear
9. 0 To 8、i+1 To 9、≤

三、程序运行结果(每空 3 分,共 12 分)

1. a=14
2. 123456
3. 3   182
4. 2   2   3

四、编程题(每题 10 分,共 30 分)

1.
```
Private Sub Form_Click()
    Dim x!, t!, n%, s!
    Const eps = 0.0000001
    x = Val(InputBox("x:"))
    t = x: s = x: n = 1
    Do Until Abs(t)<eps
        n = n + 1
        t = t * (-x * x) / ((2 * n - 2) * (2 * n - 1))
        s = s + t
    Loop
    Print "Sin("; x; ")="; s
End Sub
```

2.
```
Private Sub Form_Load()
    CmdOK.Enabled=False
End Sub
Private Sub CmdAdd_Click()
List1.AddItem Text1.Text
Text1.Text=""
End Sub
Private Sub CmdDel_Click()
    List1.RemoveItem List1.ListIndex
End Sub
Private Sub CmdMod_Click()
Text1.Text=List1.Text     或     Text1.Text=List1.List(List1.ListIndex)
Text1.SetFocus
CmdOK.Enabled=True
End Sub
Private Sub CmdOk_Click()
    List1.List(List1.ListIndex)=Text1.Tex
    Text1.Text=""
    CmdOK.Enabled=False
End Sub
```

3.
```
Private Sub Form_Click()
Dim a(1 To 10) As Integer
```

```
Dim temp As Integer
Dim i As Integer, j As Integer
For i = 1 To 10
    a(i) = Val(InputBox("请输入" & "A(" & Str(i) & ")=" & "的值"))
Next i
For i = 1 To 9
    For j = i + 1 To 10
        If a(i) < a(j) Then
            temp = a(i)
            a(i) = a(j)
            a(j) = temp
        End If
    Next j
Next i
For i = 1 To 10
    Print "A(" & Str(i) & ")="; a(i);
    If i Mod 5 = 0 Then Print
Next i
End Sub
```